煤制油化工基本建设本质安全管理体系

神华集团有限责任公司工程管理部
中国神华煤制油化工有限公司 编著

中国石化出版社

内 容 提 要

本书系统阐述了煤制油化工基本建设本质安全管理体系的概念、管理原则、总体要求、主要构成关系，明确了煤制油化工基本建设本质安全管理的制度体系、组织体系及职责分工、风险管理、实施运行、考核评价、本质安全文化等内容；理论与实践结合紧密，系统性、理论性和实用性都比较强。

本书适合于煤制油化工基本建设管理相关单位的管理人员和技术人员阅读，也可供高等院校相关专业师生参考。

图书在版编目(CIP)数据

煤制油化工基本建设本质安全管理体系 / 神华集团有限责任公司工程管理部，中国神华煤制油化工有限公司编著．—北京：中国石化出版社，2013.1
ISBN 978-7-5114-1913-2

Ⅰ．①煤…　Ⅱ．①神…　②中…　Ⅲ．①煤液化-化工工程-安全管理体系　Ⅳ．①TQ529

中国版本图书馆 CIP 数据核字(2012)第 312605 号

中国石化出版社出版发行

地址：北京市东城区安定门外大街 58 号
邮编：100011　电话：(010)84271850
读者服务部电话：(010)84289974
http://www.sinopec-press.com
E-mail:press@sinopec.com
北京金明盛印刷有限公司印刷
全国各地新华书店经销

*

787×1092 毫米 16 开本 8 印张 179 千字
2013 年 1 月第 1 版　2013 年 1 月第 1 次印刷
定价:30.00 元

序　言

神华集团自2009年提出“科学发展，再造神华，五年实现经济总量翻番”的宏伟发展目标以来，神华产业进入快速发展期，特别是煤制油化工产业板块经过持续几年的快速发展，规模不断壮大，已经在国内居于领先地位。

多年来，神华集团一贯注重安全生产，率先提出并建立了煤炭生产本质安全管理体系，通过本质安全体系的运行，安全生产取得了令人瞩目的好成绩，百万吨煤炭死亡率达到国际领先水平。神华集团在总结煤炭安全生产经验的基础上，提出了在全集团业务范围内建立本质安全管理体系。煤制油和煤化工产业作为神华集团的一个重要业务板块和增长极，是支撑神华做大做强的一个重要领域。基建规模大，技术要求高，大量采用新技术、新工艺，对国内乃至世界具有示范和引领意义，因此对煤制油化工基建安全管理提出了更高要求。传统的安全管理模式已不能满足当今基本建设的要求，为此，在煤制油化工基建领域建立一套科学、有效的现代化安全管理体系是迫切需要的。

中国神华煤制油化工有限公司在充分借鉴HSE管理体系、NOSA管理体系和神华煤矿本质安全管理体系的基础上，创建了适合煤制油化工特点的基建本质安全管理体系，该管理体系在管理理念、制度建设、管理创新、风险预控等方面对原有的管理体系进行了整合、提炼，全面性、系统性更高，实用性更强。以建设项目进行全寿命系统策划、系统整合、分段决策的工作原则，将安全管理全面融入到建设项目各项管理工作中，安全管理的关口前移，以风险预控为主，同时加强过程监督和事后追究。在确保建设精品工程的同时，也实现建设过程的安全。

本质安全管理的核心是风险预控，基本建设质量是生产安全的基础，从安全、经济、政治等方面控制工程风险，正确处理质量、安全、投资和工期之间的关系，通过技术与管理的综合性、系统性措施，使工程价值实现最大化，使风险处于可控制状态，切断事故发生的因果链，最终实现“一切事故均可避免”、“一切风险皆可控制”的风险预期目标，进而实现人员无违章、设备无故障、系统无缺陷、管理无漏洞和环境无污染的本质安全管理目标。

中国神华煤制油化工有限公司先后成功建设并运行鄂尔多斯煤直接液化和包头煤制烯烃两大国家示范工程，取得了令人瞩目的成绩，积累了许多宝贵的经验，聚集了一大批优秀工程管理人才，建立了一支专业化的工程管理队伍。随着“十二五”规划的一批煤制油化工项目建设的启动，基建任务十分繁重，安全管理责任巨大，相信随着基建本质安全体系的推广和有效实施，将逐步建立起安全管理的长效机制，全面提升全集团的基本建设管理水平，为把神华集团建设成为具有国际竞争力的世界一流煤炭综合能源企业做出新的更大的贡献。

神华集团有限责任公司党组成员、副总经理
中国神华能源股份公司高级副总裁 王晓林

二〇一二年十二月十二日

前言

神华集团在煤矿系统本质安全管理体系成功运行的基础上，率先倡导建立企业本质安全管理体系。追求本质安全是现代企业安全管理发展的必由之路，也是神华集团实现安全生产的客观要求。为更好地发挥煤制油化工公司项目建设专业化、一体化管理优势，对项目建设中实施全寿命周期系统策划、资源整合、分段决策，努力建设本质安全型企业，在全面总结成功建设和运行国家两大示范工程——煤直接液化项目和包头煤制烯烃项目经验的基础上，结合煤制油化工公司已经形成的项目建设专业化和一体化管理模式，借鉴神华煤矿系统本质安全管理体系运行经验以及国内外工程建设先进管理经验，采用现代安全管理理念和方法，创建了适合煤制油化工行业特点的基建本质安全管理体系。

本质安全管理以风险预控为核心，以组织和职责为保障，以PDCA闭环管理为特征，通过技术与管理的综合措施控制工程建设过程中的各种风险，在实现项目建设过程安全的同时，向生产交付质量优质的放心工程，为构建本质安全型生产企业奠定坚实基础。

本质安全体系重在有效实施，通过运行、持续改进，促进体系的不断健全和完善。通过本质安全体系的有效运行，切实预防和控制事故的发生，将项目建设各种风险控制在可接受范围内；形成安全管理的长效机制，构建本质安全型企业。

本质安全管理的核心是风险预控，通过技术与管理的综合性、系统性措施，使风险处于可控制状态，切断事故发生的因果链，最终实现“一切事故均可避免”、“一切风险皆可控制”的风险管理预期目标，进而实现人员无违章、设备无故障、系统无缺陷、管理无漏洞和环境无污染的本质安全管理目标。

本体系主要阐述本质安全管理的概念、管理原则、总体要求、主要构成关系；明确了本质安全管理的方针目标、制度体系、组织体系、职责分工、风险管理、考核评价等内容，突出了煤制油化工基本建设管理的特点，适合于煤制油化工基本建设管理相关单位和人员使用。

本质安全管理体系的健全、完善是一个相对长期的过程，需要通过工作实践，不断充实和持续改进，不断趋于完善。本质安全管理体系的良好运行，离不开领导重视、全员参与、相关方参与。

相信借助于煤制油化工基本建设本质安全管理体系的建立及实施，将更加有效地管控各类基建安全风险，预防和杜绝各类安全事故的发生，提升煤制油化工基本建设管理水平。

《煤制油化工基本建设本质安全管理体系》编审委员会

主 任 委 员：吴秀章

副主任委员：杨根盛　张继明

主　　　编：万国杰

编委会成员：孔祥臣　张兆孔　戈　军　杨占军
谢瞬敏　文定良　王建国　夏俊兵
张培杰　董秀勤　孙学英　王鹤鸣
吕建海　闫国春　张先松　杨葛灵
褚　良　张鸿岭　孙云科　李大荣
孙树涛　邓祥国　马玉伟　戴　红
朱秀丽　孙延辉　王　鹏　赵宇新
孙英慧　范海亮　刘长勇　段　杰
王家柳　徐朝阳

主要审查人员：梁士普　刘继臻　赵岫华　高　岷
张惠民　李志明　张　涛　陈云霞
范春晖

目　录

第一章
煤制油化工基本建设本质安全体系概述

第一节　体系情况简介

一、体系指导思想

1. 系统策划、分段决策

煤制油化工建设项目按照全寿命周期系统策划、分段决策、资源整合的原则，通过项目总体策划和统筹计划，通过一体化和专业化管理优势，充分整合科研、建设和生产资源，形成明确的项目管理输入条件和输出目标成果。

建设项目通过多层次的调研、论证和评审，形成正确决策；选择采用先进适用、安全可靠的技术和设备，通过周密组织、精心设计、科学施工，向生产交付一个高质量、不留缺陷的工程，力求建成本质安全型生产装置，为生产单位或使用单位的“安、稳、长、满、优”生产运行打下坚实基础。

2. 预防为主、本质安全

树立“一切事故都是可以预防的”的理念，加强项目各阶段的事前策划，调动包括参建各方在内的全体员工的积极性，人人参与，达到全面安全、系统安全、本质安全，从防控型向本质安全型升华。

本质安全主要体现在两个方面：一是在项目建设阶段的实施的全过程做到安全，不发生事故；二是建成技术先进、安全可靠、质量无缺陷的生产装置，为生产装置的“安、稳、长、满、优”生产运行提供可靠基础，后者应该是我们追求的更高层次、更长久的本质安全思想。

传统的基本建设存在这样片面的认识：基本建设就是基本上建设好，一些不完备的地方通过生产运营后的技术改造来完善。我们认为，一个项目通过充分论证，科学组织，精心设计，科学施工，向生产交付一个技术和设备安全可靠、工程质量上不留缺陷的合格工程，这样的工程为生产装置的本质安全打下良好的基础，真正树立“基建为生产”的理念。

预防和控制相结合降低项目风险，以有利于整体目标实现，有利于保护积极性、主动性和创造性为前提，实现激发主观能动性与规避风险的动态平衡，提升风险意识，形成系统性。

本质安全管理是一种基于“本质安全”理念的安全管理模式，重视企业安全管理对象“固有安全能力”的保持和提升，着眼于提升企业事故预防能力建设，强调对事故的“根源控制”和“超前预防”。

3. 本质安全，建设单位的主导作用

解放思想，开拓思维，创新企业基本建设管理“理念”，基建本质安全是生产本质安全的重要基础，基本建设的最终目的是为了生产，今天的基本建设就是明天的生产力。

基本建设是实现企业快速发展、做大做强最重要的方式之一，对现代煤制油化工企业来说更是如此。要以责任感和使命感，把工程建设项目管理工作摆到非常重要的位置，即把基本建设工作放在和生产经营同等重要的地位来抓，把基本建设当作能否实现企业发展战略的关键来抓，建设和生产实施一体化管理和专业化分工，基建本质安全和生产本质安全形成有机衔接。

基本建设是扩大再生产的重要方式，是安全生产的一个重要领域。基本建设质量的高低直接关系到生产运行的本质安全，也关系到生产运行的成本。高质量的基本建设成果，就是生产运行本质安全的基础。

上述理念包含了基本建设的安全观念、质量观念、效益观念，同样引领、指导着基建本质安全体系的建设和实施。基本建设不能就项目建项目、就项目论项目，基本建设不只是简单地建成和移交一个合格的工程，它涉及到建设方、技术提供方、设计方、施工方、监理方、咨询单位等各个参建方，也涵盖了安全、质量、进度、造价四要素，是一个大系统、宽领域、多环节、多层次的综合性系统工程；在高度市场化的今天，实现多方共赢，兼顾各方利益、保证目标一致，是这个系统工程能够持续运行的基础。

二、体系目标

基本建设本质安全管理的目标是通过以风险预控为核心的，持续的、全面的、全过程的、全员参与的、闭环式的安全管理活动，在项目建设前期阶段充分研究、论证，正确决策，合规合法；在项目实施阶段，系统策划，精心设计，选择先进、可靠设备和材料。在项目实施过程中做到人员无违章、设备无故障、系统无缺陷、管理无漏洞，进而实现人员、机具、环境、管理(简称“人、机、环、管”)的本质安全，切断安全事故发生的因果链，最终实现杜绝已知规律的、酿成重大人员伤亡的安全事故的发生。

在实施危险作业之前，首先进行危险源辨识、分析，制定措施，落实责任。变被动管理为主动管理，变经验管理为风险管理，变事后处理为超前预防，变临时处置为系统管理，变专职管安全为全员管安全；形成“人人重视安全、人人要求安全、人人能够安全”的良好局面。

三、体系定位

现代煤制油化工行业是一个新兴行业，它完全不同于传统意义的煤化工，其装置复杂化、规模化，新技术、新工艺、新设备、新材料大量应用，而可供参考的项目很少，因此决定了基建本质安全体系必须是以风险预控为核心，以系统性风险辨识分析、安全管理标准化、防控措施相结合为基础，与传统安全管理方法相比更具全面性、科学性和系统性，更能适应现代煤制油化工项目高风险的特点。

本质安全体系的目标定位是以通过风险预控、切断事故发生的因果链、杜绝事故发生为根本目的。

四、体系的建设过程

神华集团率先提出建立本质安全管理体系，并从煤炭生产企业开始建立并实施，取得了良好效果，近几年全集团煤炭生产的百万吨死亡率持续降低，已处于世界领先水平，目前神华集团正向其所有的业务板块推广建立本质安全管理体系。

中国神华煤制油化工有限公司作为神华集团的一个全资子公司，按照煤制油化工行业的特点，从2011年开始，在借鉴电力系统NOSA(国际职业安全协会，National Occupational Safety Association)体系、石化行业HSE(健康Health、安全Safety和环境Environment)体系和煤矿本质安全管理体系成功做法和经验的基础上，开始建立煤制油化工基本建设本质安全管理体系。在本质安全体系文件的编制过程中，先后组织了两次专家评审。

通过建立本质安全管理体系，将本质安全管理思想融入制度、流程，体现在招标、合同、计划、质量、造价、等各个方面和环节中，将HSE管理体系和QA/QC管理体系较好地融入本质安全管理体系之中。在本质安全体系建设和实施过程中，对建设方而言，怎样将项目参建单位“纳入”到统一的安全管理体系中，并且主动“融入”是最为关键的，实现各参建单位组织衔接、人员衔接、责任衔接、目标衔接、利益衔接，通过成功建设一个好项目，使参建各方形成“共识”，实现“共赢”，形成良性循环，形成“诚信”的伙伴关系，最终达到本质安全、可持续性目的。

第二节　体系范围及定义

一、体系范围

(一)本质安全管理体系适用于公司所管辖范围内的所有基本建设项目管理

(1)新建项目；

(2)改扩建项目；

(3)技改(技措)项目。

(二)本质安全管理体系适用于基本建设项目管理各阶段的管理

1. 项目前期阶段

主要工作包括项目立项、项目政府备案或核准、项目可行性研究报告及附属报告编制与批复等。

2. 项目定义阶段

主要工作包括专利专有技术选择、总体设计、基础(初步)设计、项目总体统筹计划、场地和施工准备等。

3. 项目执行阶段

主要工作包括详细设计、设备和材料采购、施工和安装等。

4. 项目机械完工和预试车阶段

主要工作包括生产准备、预试车、工程中间交接及联动试车等。

5. 项目试生产和竣工验收阶段

主要工作包括投料试车、专项验收、竣工验收等。

(三)本质管理体系适用于项目建设方、承建方和项目其他相关方

(1)项目业主(建设方);

(2)总承包商(EPC、EPCM);

(3)设计院;

(4)供应商、制造商;

(5)施工承包商;

(6)监理单位;

(7)咨询服务单位。

二、术语、定义

(一)事故

造成死亡、疾病、伤害、设备损坏或其他损失的意外情况。

(二)事件

导致或可能导致事故的情况。

(三)危险源

可能造成人员伤亡或疾病、财产损失、工作环境破坏的根源或状态。

(四)施工危险源

在施工作业与管理活动过程中,存在着易导致人员伤亡或损失的不可容许或接受的作业、设施或场所。

(五)施工重大危险源

是指在项目建设施工过程中可能导致人员群死群伤及重大财产损失,或造成重大不良社会影响的、危险性较大的分部分项工程或其他施工活动。

（六）重要环境因素

重要环境因素是指组织的活动、产品或服务中存在的某些环境因素已造成或可能造成重大影响的环境因素。

（七）危险源（危害因素）辨识

认识危险源的存在并确定其可能产生的风险后果的过程。

（八）风险

风险指某一特定危险情况发生的可能性和后果的组合。安全生产风险是指企业生产中产生伤害、损失或不良影响发生的可能性和后果的组合。

（九）可接受风险

经风险评价后，认为降低到组织可接受程度的风险。

（十）风险评价

按一定方法评估风险的大小以及确定风险是否可接受的全过程。

（十一）应急预案

应急预案是针对可能发生的生产安全事件，为保证迅速、有序、有效地开展应急行动，降低安全事件损失，而预先制订的有关计划或方案。应急预案分为总预案和专项预案。

（十二）纠正

为消除已发现的不合格采取的措施。

（十三）纠正措施

为消除已发现的不合格或其他不期望情况的原因所采取的措施。

（十四）预防措施

对消除潜在不合格或其他潜在不期望情况原因所采取的措施。

（十五）持续改进

为改进本质安全管理总体绩效，根据本质安全管理方针，组织强化本质安全管理体系的过程。

（十六）本质安全

本质安全是指通过技术和管理等手段，切断事故发生的因果链，最终使管理对象杜绝已知规律的、酿成重大人员伤亡和财产损失事故的发生。本质安全是对系统安全性能提出的理想化要求，是对安全管理期望最高形态的表现。系统只能逐步或者无穷趋近于本质安全。

（十七）本质安全管理

本质安全管理是基于一定技术条件下，对系统中已知规律的危险源进行预先辨识、评价、分级，进而对其消除、减小、控制，实现“人、机、环、管”最佳匹配，使事故降低到人们期望值和社会可接受水平的生产安全管理过程。

本质安全管理是以预控为核心，通过系统化的、持续全面的、全过程的、全员参与的、闭环式的管理活动，在生产过程中做到人员无失误、设备无故障、系统无缺陷、管理无漏洞；通过对本质安全管理“四大要素”(人、机、环、管)的控制，实现管理对象的本质安全管理活动。

(十八) PDCA 循环

指一种螺旋上升及闭环式的管理系统运行模式，包括计划(P)、实施(D)、检查(C)和改进(A)。

(十九) 煤制油化工基本建设本质安全管理体系

煤制油化工基本建设本质安全管理体系是以风险预控为核心，以组织和职责为保障，以 PDCA 闭环管理为特征，通过技术与管理的综合措施控制工程建设全过程(项目前期阶段、项目定义阶段、项目执行阶段、项目机械完工和预试车阶段、项目试生产和竣工验收阶段)中的各种风险，实现项目建设过程安全的本质安全管理体系。

(二十) 安全文化

安全文化指通过安全承诺、安全行为激励、安全信息沟通、自主安全学习、安全事务参与等形式，建立的被员工群体所共享的安全价值观、态度、道德和行为规范的总和。

第三节　体系文件构成

一、体系各单元构成

煤制油化工基本建设本质安全管理体系由目标单元、支撑单元和功能单元三部分构成。单元构成见图 1－1。

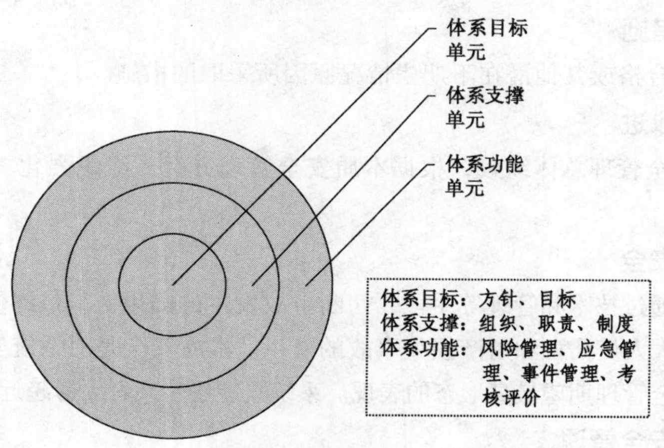

图 1－1　本质安全体系单元示意图

二、体系单元之间的关系

本质安全管理以安全为目标，以组织、职责和制度为保障，以风险预控管理为重点，辅以应急管理、事件管理、考核评价等管理，形成“事前、事中、事后”三阶段管理；通过体系运行实现对“人、机、环、管”的全面管控，实现预期的安全管理目标。

本质安全体系各单元的运行借助于企业现代化信息化系统高效运行，保证决策者能够及时获得决策所需的各类相关信息，保证管理层与员工之间上下沟通交流的通畅。

体系各部分之间相互关系见图1－2。

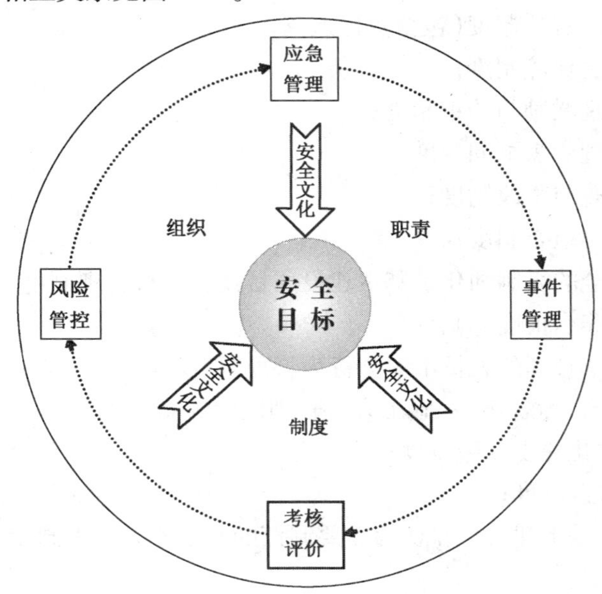

图1－2　基建本质安全体系运行示意图

三、体系文件的构成

（一）煤制油化工基本建设本质安全管理体系文件

（1）管理手册；

（2）本质安全管理规章制度；

（3）程序文件；

（4）作业文件；

（5）风险评价管控手册。

完整体系文件涵盖内容包括管理体系的目标、组织、职责、运行、考核评价等各个方面。

（二）管理手册

管理手册是本质安全体系的纲领性文件，明确了体系的构成关系，明确了管理方针、管理目标、组织机构、职责划分、运行要求、考核评价、体系改进和安全文化等内容。

（三）本质安全管理规章制度

本质安全管理规章制度是煤制油化工基本建设项目各类规章制度的重要组成部分，煤制油化工基本建设项目应建立本质安全管理体系所要求的各项责任制度，这些制度应该包含现有的煤制油化工基本建设项目安全建设及生产责任制度，应该涵盖人、机、环、管四个方面，并且形成一套完整的能切实保障安全建设及生产的制度体系。本质安全管理规章制度主要包括：

（1）本质安全目标管理制度；

（2）本质安全生产责任制度(包括责任追究)；

（3）本质安全投入保障制度；

（4）本质安全管理激励与约束制度；

（5）本质安全管理专家顾问制度；

（6）事故隐患排查与整改制度；

（7）本质安全监督检查制度；

（8）基于本质安全的煤制油化工基本建设项目设备器材管理制度(包括采购、保管、使用、检查、维修、保养、报废等)；

（9）基于本质安全管理的人员不安全行为管理制度(含人员准入；工作制度；本质安全教育、培训(含不安全行为矫正)；施工人员管理制度等)；

（10）本质安全文化建设保障制度；

（11）事故应急救援制度；

（12）煤制油化工基本建设项目认为需要制订的其他安全管理制度。

（四）程序文件

规定了风险预控、组织保障、人员不安全行为等方面管理的程序、方法和步骤及要求，符合公司实际管理运行要求，保证各个过程功能的实现，程序文件是管理手册的支持性文件。

煤制油化工基本建设项目本质安全管理程序文件主要包括：

（1）煤制油化工基本建设项目本质安全管理工作启动程序；

（2）煤制油化工基本建设项目本质安全管理风险管理程序；

（3）煤制油化工基本建设项目本质安全管理标准与措施制定程序；

（4）煤制油化工基本建设项目本质安全管理人员准入程序；

（5）煤制油化工基本建设项目本质安全管理人员培训程序；

（6）煤制油化工基本建设项目本质安全管理组织机构设置程序；

（7）煤制油化工基本建设项目本质安全管理体系运行程序；

（8）煤制油化工基本建设项目本质安全管理安全文化建设实施程序；

（9）煤制油化工基本建设项目本质安全管理安全运行检查与监测程序；

（10）煤制油化工基本建设项目本质安全管理应急预案制定、启动程序；

（11）煤制油化工基本建设项目本质安全管理内部评价程序。

（五）作业文件

作业文件又称作业指导书，是管理手册和程序文件的支持性文件，与程序文件不同的是作业文件通常不直接与标准条款或要素对应，是某项管理活动的运行准则和控制标准，也可以理解为针对岗位的具体操作要求的描述。

煤制油化工基本建设项目本质安全管理作业文件主要包括：

(1) 项目危险源与环境因素管理规定；
(2) 公司安职环防责任制；
(3) 项目安职环防责任制；
(4) 公司安全生产风险抵押金管理规定；
(5) 项目承包商安全费用管理规定；
(6) 项目承包商安全风险保证金管理规定；
(7) 项目入场安全教育培训管理规定；
(8) 项目安全会议管理规定；
(9) 项目安全宣传与警示管理规定；
(10) 公司项目建设期门禁统一管理规定；
(11) 项目承包商安全管理规定；
(12) 项目预试车阶段安全管理规定；
(13) 项目土方开挖作业安全管理规定；
(14) 项目施工临时用电安全管理规定；
(15) 项目高处作业安全管理规定；
(16) 项目射线作业安全管理规定；
(17) 项目动火作业安全管理规定；
(18) 项目受限空间作业安全管理规定；
(19) 公司劳动保护用品管理规定；
(20) 项目安全策划管理规定；
(21) 项目承包商安全管理规定；
(22) 项目安全技术方案管理规定；
(23) 项目门禁管理规定；
(24) 现场个人防护用品管理规定；
(25) 项目施工机具设备安全管理规定；
(26) 项目脚手架安全管理规定；
(27) 项目起重及运输安全管理规定；
(28) 项目职业健康管理规定；
(29) 项目环境保护管理规定；
(30) 厂内道路交通安全管理规定；
(31) 厂内治安保卫安全管理规定；
(32) 项目现场消防安全管理规定；
(33) 项目危险物品安全管理规定；
(34) 项目应急预案管理规定；

（35）公司本安绩效考核管理办法；

（36）项目安全检查管理规定；

（37）项目安全奖惩管理规定；

（38）项目承包商安全考核管理规定；

（39）人员不安全行为管理规定；

（40）项目安全事故及工作信息管理规定。

（六）风险评价管控手册

风险预控是本质安全体系的核心，风险评价管控手册规定了适于基本建设过程中的各种危险源辨识、分析要求和方法，集中列出了项目建设过程中常见危险源的种类、风险大小、管理对象、管理措施等，既方便管理，也便于在实际工作中的使用。

（七）记录

煤制油化工基本建设项目应该根据需要，建立并保持必要的安全记录，用以证实其安全管理工作符合其本质安全管理体系的要求，以及取得的实际成果。

煤制油化工基本建设项目应该建立、实施和保持一个或多个程序，用于安全记录的标识、保存(存放、保护)、检索、存档和处置。安全记录应建立纸质和电子两套记录系统，并且字迹清楚，标识明确，具有可追溯性。

第二章
煤制油化工基本建设本质安全体系风险管理

第一节　项目风险

一、风险的定义

国际标准化组织(ISO)定义风险为“某一时间发生的概率和其后果的组合”；美国项目管理协会的定义是“风险是一种不确定的事件或条件”；一旦发生，会对至少一个项目目标造成影响。

我国工程管理界长期以来的风险定义认为，风险是意外损失或损害发生的可能性，传统上的风险定义总是将风险和灾害联系在一起，强调风险的负面影响及风险是有害的，会给工程项目带来威胁。

对风险概念的进一步解释包括了以下几个更深刻的涵义：

(1) 风险是一种潜在的可能性，是一种客观存在，人们事前无法确认其在何时何地发生；

(2) 风险应该是中性的，带来的影响可能是负面的，有时也可能是正面的，但人们关注的是不希望的事件或活动的结果，及损失或负面影响；

(3) 事件或活动的后果与事前的预期(目标)存在不一致和偏差，结果偏离预想越大，风险也就越大。

二、项目风险因素

风险因素是指可能产生风险的各种问题或因素，是风险事件发生的基础和条件，对风险的控制实际是指对风险因素的控制，如果消除了风险因素，对应的风险也随之消失，也就不会造成损失或损害了。项目风险因素一般情况三种：

(1) 客观风险因素：能导致某种风险的有形事物，如设计缺陷、设备缺陷、材料缺陷等；

(2) 道德风险因素：与人的品德修养有关的无形因素，如工作责任心差、不认真执行操作规程、“三违”行为等；

（3）心理风险因素：与人的心理状态有关的无形因素，如思想麻痹、情绪异常等。

三、风险控制的原则

（1）风险预控是本质安全管理的核心，通过风险辨识、风险分析评价结果，制定正确的风险管控措施，通过事前、事中和事后风险管控，实现对风险的有效管控。

（2）对识别出的风险，最重要的是提炼出管理对象，确定管理标准和措施，对每一项危险源的管控明确责任部门与责任人，做到危险源管控措施、标准、责任三落实，实现对“人、机、环、管”的规范管理，使危险源始终处于可控状态，防止事故的发生。

（3）发挥公司项目建设专业化、一体化管理优势，风险管理要求全员管理、全过程管理。风险控制应贯穿项目建设的各个阶段(项目前期、项目定义、项目执行、机械完工、试车、竣工验收)。越是靠前进行风险控制工作，对最终风险的控制效果越好。

（4）对于重大风险(危险源)应重点管控，要采取技术措施与管理措施相结合的方式控制风险，充分考虑措施的可操作性和经济性，并落实重大风险(危险源)防控责任制。

（5）风险管控的对象中，重点管控“人的不安全行为”，制定有针对性的控制措施，减少人员不安全行为的发生，从而避免各类人为原因事故的发生。

（6）应本着首先考虑“消除风险”的原则，然后再考虑“规避风险”和“降低风险”的措施，最终将“个体防护”作为最后的手段。

四、风险管理的对策

1. 风险回避

通过回避项目风险因素来回避可能产生的潜在损失或不确定性。

2. 风险转移

是通过适当的方式将风险转移给另一方来承担，通常的方式是工程保险和合同转移。

3. 风险减轻

采取一定的措施，把不利风险事件发生的可能性和影响降低到可以接受的范围，这是项目最为常用的风险对策。

4. 风险接受

即风险自留，是业主承担风险造成的损失。

第二节　项目风险管理

一、项目风险管理的对象

1.“人”

管控重点是人的不安全行为，包括业主、设计、施工、监理、咨询服务单位等所有参建单位人员(安全意识、安全知识、技能水平、从业经验等方面)。

2. “机”

管控重点是物的不安全状态(机械、设备、材料、施工设备及工器具的安全性能和状态)。

3. “环”

作业环境无异常(作业场所安全条件、劳动安全装备及保障、预期环境变化等方面)。

4. “管”

管理无漏洞(组织、责任制、制度、操作规程、教育培训、管理手段、信息化等方面)。

二、风险(危险源)辨识、分析和评估

(1) 风险(危险源、有害因素)辨识是风险控制的前提和基础，应根据具体建设项目的情况，项目经理组织风险辨识评价小组，综合运用合适的方法对存在的风险(危险源、有害因素)进行辨识。

(2) 危险源辨识时应考虑风险的动态变化趋势。

(3) 危险源辨识分析要考虑三种情况，即：正常、异常、紧急。

(4) 可供选择风险(危险源)分析评价方法有：检查表法(SCL)、预先危险分析法(PHA)、LEC评价法、工作危险性分析法(JHA)、事件树分析法(ETA)、故障树分析法(FTA)、工作任务分析法、对照分析法、类比分析法、矩阵分析法等。

(5) 确定危险源可能引发事故的可能性及可能造成事故损失的程度，采取进行定量或半定量分析计算出风险值。

(6) 根据风险值的大小进行分级，一般分为“极度危险、高度危险、显著危险、一般危险”等级别。“极度危险和高度危险”的危险源应列为重大风险。

(7) 在以上静态分析的基础上，还应根据评价对象(人、机、环、管)的动态变化趋势，提出对重大风险的预警。

三、风险控制措施

(一) 风险控制措施分类

1. 技术措施(表2-1)

表2-1　风险控制技术措施

序号	措施类型	措施途径	备注
1	消除措施	从根本上消除危险、危害因素，如选择无害工艺技术、无害物质代替有害物质、自动化生产等	
2	预防措施	消除危险、危害因素有困难时，采取预防危害的暴露的手段，如安全屏蔽、安全阀、漏电保护、事故排风等	
3	减弱措施	在无法消除和预防危害时，可采取减少、减弱危害的方法，如静电接地、降温、减振等	

续表

序号	措施类型	措施途径	备注
4	隔离措施	在无法消除、预防或减弱危害时，采取隔离危害的方法，如围挡、安全网、隔离间、遥控操作等	
5	联锁措施	当操作失误或系统处于危险状态时，通过联锁保护装置使系统保持稳定，如自控联锁、互锁等	
6	警告措施	在存在危险地点，设置醒目的安全提示(安全色、安全标志、声光报警等)	
7	个人防护措施	佩戴、使用个人劳动保护用品，防止人身伤害发生	

2. 管理措施(表2-2)

表2-2 风险控制管理措施

序号	措施类型	措施途径	备注
1	教育、培训	三级安全教育、安全培训、专项培训	
2	制度、标准、规程	制定或修订相关制度、标准、规程	
3	转移、分散	购买保险、合同转移	
4	资金	资金保证(专款专用)、增加资金	

(二) 风险控制措施的选用原则

(1) 针对风险，采取有效和可靠的控制措施；

(2) 优先采取技术措施；

(3) 选择风险控制技术措施时，尽量按照消除、预防、减弱、隔离、联锁、警示和个人防护的顺序选择；

(4) 可以选择多种技术措施控制风险；

(5) 采取管理措施时，尽量与技术措施配合使用；

(6) 选择风险控制措施应考虑可操作性和经济性。

四、风险管理总结

(1) 各单位在年终时要对风险管理情况进行总结，评估风险控制成效，总结经验、教训，完善风险管理制度，使风险管控水平不断提高，制订下一年度风险管理计划；

(2) 在风险总结的基础上，制定必要的管理标准及管理措施，按规定程序审核、批准后发布实施。

五、风险辨识、分析和评价的组织

项目部、监理单位、承包商要建立危险源与环境因素辨识、风险评价的组织机构，应由项目负责人、专业技术人员、HSE管理人员、工人代表组成风险管理小组，风险小组人员均应接受过HSE教育培训、具有较丰富的施工经验，同时要发动广大员工参与，广泛收集员工意见。

六、风险辨识、分析和评价的方法

(一) LEC 评价法

LEC 评价法是一种操作简单而又较为系统的危险性评价方法。它综合考虑各个环节发生事故的可能性、人员暴露在这些环境的频率以及一旦发生事故所产生后果的严重性等三方面因素，半定量计算每一种危险源所带来的风险，LEC 风险评价公式如下：

$$D = L \times E \times C$$

式中 D——危险性；

L——事故发生的可能性；

E——暴露于危险环境的频率(包括时间频率和人员数量)；

C——事故可能造成的后果。

参数取值见表 2-3、表 2-4，LEC 风险评价分级见表 2-5。

表 2-3 事故发生的可能性和暴露于危险环境的频率评分

事故发生的可能性(*L* 值)		暴露于危险环境的频率(*E* 值)	
分值	事故或事件发生的可能性	分值	频繁程度
10	完全可以预料	10	连续暴露
6	相当可能	6	每天工作时间内暴露
3	可能，但不经常	3	每周几次暴露
1	可能性小	2	每月几次暴露
0.5	很不可能，完全意外	1	每年几次暴露
0.2	极不可能	0.5	非常罕见地暴露
0.1	实际不可能		

表 2-4 事故可能产生的后果评分 *C* 值

分值	事故后果	
	直接经济损失	人员伤亡
100	直接经济损失 5000 万元以上	多人死亡(10 人以上)，急性中毒(30 人以上)
40	直接经济损失 1000 万元以上	3 人以上死亡，10 人以上急性中毒
15	直接经济损失 50 万元以上	1~2 人死亡，3~9 人重伤
5	直接经济损失 10 万元以上	重伤 1 人，每增加 1 人，累加 5 分
1	直接经济损失 1 万元以上	轻伤 1 人，每增加 1 人，累加 1 分

表 2-5 LEC 评价法风险分级

分数值	级别	危险程度
≥320	一级风险	极其危险，不能继续工作
160~320	二级风险	高度危险，立即整改
70~160	三级风险	显著危险，需要整改
40~70	四级风险	一般危险，需要注意
≤40	五级风险	稍有危险，可以接受

（二）工作危险性分析法（JHA）

JHA是将某项工作的全过程所存在的危险逐一列出，对危险发生的严重性和可能性作出评估并计算其风险值：然后根据风险值提出控制风险的方法，最后可列出经过风险控制后的剩余危险。此方法通常用于施工单位作业许可证办理前的危险分析。公式如下：

$$R = L \times S$$

式中 R——风险值；

L——事故发生的可能性；

S——发生事故后的严重性。

发生事故的可能性 L 可用事故发生的概率来表示，其取值范围见表2-6。

事故的严重性 S，根据发生事故后可能对人员造成伤害的程度或财产损失确定出五个不同的等级，见表2-7。

按照风险值再将风险细分为五个不同等级，根据风险值的不同分别实施控制。风险分级表见表2-8。

表2-6 事故发生的可能性 L 值

L 值	事故发生的可能性	L 值	事故发生的可能性
5	完全可能	2	可能性小，完全意外
4	相当可能	1	不可能
3	可能，但不经常		

表2-7 事故发生的严重性 S 值

S 值	事故的严重性	
	人员伤亡程度	财产损失
5	死亡、终身残废、丧失劳动能力	≥5万元
4	部分丧失劳动能力、职业病或慢性病、住院治疗	≥1万元
3	需去医院治疗，但不需住院	≥0.5万元
2	皮外伤、短时间内身体不适	<0.5万元
1	没有受伤	无

表2-8 风险分级（JHA分析法）

R 值	分级	描述
20～25	一级风险	极度危险：需立即停止施工并上报项目部，立即采取应急措施。制订治理方案，经审批后整改，直到施工作业环境改善至适宜施工作业
15～16	二级风险	高度危险：需暂停施工并开展整改工作，采取应急措施，在规定期限内完成整改
9～12	三级风险	显著危险：需监控作业环境，安排整改
4～8	四级风险	一般危险：需要引起注意，并适当防范
<4	五级风险	稍有危险：可以接受，通过教育、演练降低为可忽略风险

（三）环境因素评价方法

环境因素评价内容和方法，表2－9所示内容进行评价。

当环境影响的五要素之和，即$\sum = A + B + C + D + E \geqslant 15$时，应当确定为重要环境因素。

表2－9　环境因素评价

评价内容	分值	评价内容	分值
A. 环境影响的规模和范围		D. 法律法规遵循情况	
超出社区	5	严重超标	5
社区内	3	稍稍超出标准	3
施工场界内	1	未超标准	1
B. 环境影响的程度		E. 环境影响的社会关注度	
严　重	5	关注强烈	5
一　般	3	一般关注	3
轻　微	1	基本不关注	1
C. 环境影响发生的频率			
持续发生	5		
间歇发生	3		
偶然发生	1		

七、建设项目各阶段风险管理

（一）项目前期阶段风险

1. 技术风险

现代煤制油化工项目大量采用新技术、新工艺、新材料和新设备，其中存在较高首次使用的风险，要认真研究、识别工艺技术的先进性、可靠性（成熟度），选择适度先进和可靠的工艺技术、设备。

2. 装置规模大型化、系统复杂化带来的风险

装置规模大型化，带来设备的大型化，系统复杂化增加，其中相互影响加大，系统调试困难，操作难以掌握，可供借鉴的经验数据欠缺，因此要认真评估复杂化可能存在的风险。

3. 项目厂址选择风险

充分识别厂址可能存在的地震、地质灾害、洪水、台风等危害因素，分析和评估长期性不利影响和风险，确定合理的风险对策。

4. 采用专利专有技术设备和材料带来的风险

工程采用专利专有技术设备、材料多，设计、安装、调试经验欠缺，需评估可能存在的风险，选择实力强的技术提供商。

5. 全面和系统识别风险

在可行性研究阶段，委托具有资质的单位或机构进行安全预评价、职业危害与评价、环保预评价、水资源论证等，全面、系统性辨识风险及确定控制风险的措施。

（二）项目实施阶段风险

1. 项目定义和设计方面的风险

（1）项目实施依据正确的规范、标准，满足国家和地方政府“三同时”规定；工艺技术选择、工艺参数确定、设备选型、总图布置等满足国家强制性标准规定和项目功能要求。

（2）在设计合同中应提出全面的项目功能要求和风险控制要求，初步（基础）设计的安全、职防、环保等专篇必须通过政府部门组织的审查。

（3）通过 HAZOP 分析、设计审查、专项审查充分辨识风险及采取风险控制措施，提高项目本质安全程度。新建项目 100% 进行 HAZOP 分析。

2. 项目采购方面风险

（1）设备和材料的可靠性保证，选择的信誉度高、有实力和售后服务好的供货商等。

（2）通过设备监造、关键点检验确认、出厂验收放行、进场质量检验等环节，保证质量、降低风险。

（3）考虑超限设备运输方面的风险，对运输道路进行考察，运输风险大的设备应在现场组对、制造。

3. 项目施工方面风险

（1）选择具有规定资质的承包商承担工程施工；委托第三方进行工程测量和检测；委托工程监理和工程质量监督。

（2）合规性监督检查，如土地征用和拆迁、特种设备安装合规性等。

（3）施工技术方案全面性、正确性，对危险性大的施工方案进行专家论证。对重量和尺寸超限设备的吊装和运输，制订合理方案，并进行专家论证。

（4）特种作业和特殊作业人员管理，持证上岗。

（5）危险性施工作业条件保障、条件确认和过程监督。

（6）人员“三违”行为的控制。“三违”行为控制是形成安全管理的重要方面。

（7）“物”的不安全状态和安全环境条件。特别是高处作业的临边防护、动火作业、高大支撑体系、深基坑边坡、受限空间作业是管控的重点。

（8）安全教育和培训情况，特别要加强专项培训。

（9）劳动防护和劳动保护。

（10）应急预案及演练、应急物资准备。

（11）文明工地建设、文明工地达标和文明施工管理。

4. 安装调试方面风险

（1）各种综合保护系统、联锁保护系统、机组控制、报警系统逻辑动作关系和整定值的正确性。

（2）由制造供应商提供定值手册，设计单位审核，生产单位确认；调试过程生产人员确认并签字，必要时进行复试动作试验。

（3）安全阀应委托具有资质的单位进行调试、定压。超过有效期的，应重新调试、定压。

(4) 压力容器、压力管道、电梯等特种设备，应取得准用手续。

(三) 项目竣工阶段风险

1. 单机试车、试压和吹扫

(1) 试车方案和实施前的条件确认，实施结果确认。

(2) 压力容器、压力管道、起重设备等特种设备合法使用手续。

(3) 管道系统内部清洁和容器的封闭，由生产代表确认合格并签字。

2. 机械完工、“三查四定”和中间交接

工程实体建成必须具备机械完工条件，并通过由建设单位组织的，包括生产单位、设计、监理、施工单位等参建单位参加的“三查四定”，方可办理工程中间交接。

3. 联动试车和投料试车

(1) 联动试车和投料试车由生产单位编制，公司组织相关方及专家进行方案审查。

(2) 试车由合格操作人员上岗操作。

(3) 试车前应进行安全条件确认。

4. 专项验收

(1) “三同时”设施与主体工程同时设计、同时施工、同时建成并投入使用，委托具有资质的单位或机构进行实施效果评价。

(2) 消防、安全、环保、职防等通过政府部门的专项验收，未通过专项验收的项目应按照专家评审和验收意见积极进行整改。

5. 竣工验收

项目专项验收合格、装置性能考核合格、工程竣工审计等完成后方可提出项目竣工验收申请。

项目各阶段风险控制措施选用应根据风险的大小程度采取首要措施，然后采取进一步的措施控制风险，具体见表2－10。

表2－10 风险控制措施选用

风险等级	首要措施	进一步措施
一级	立即停止工作	制订风险治理方案，立即整改，直至状态得到改善、风险处于可控，方允许工作
二级	立即采取应急措施	立即采取整改措施并在规定时限内整改完成
三级	监控风险，及时整改	整改并消除隐患
四级	注意风险	注意风险并加以适当防范
五级	适当关注	通过教育、演练降低为可忽略风险

八、风险管理流程

(1) 对于项目建设的每一个阶段、过程和环节，应按照下面的风险辨识流程进行风险识别和辨识，从中找出重大风险，予以重点监控。

（2）建立重大风险台账，实施风险动态化管理，采取切实有效措施，开展项目风险管控。

风险管理流程见图2－1。

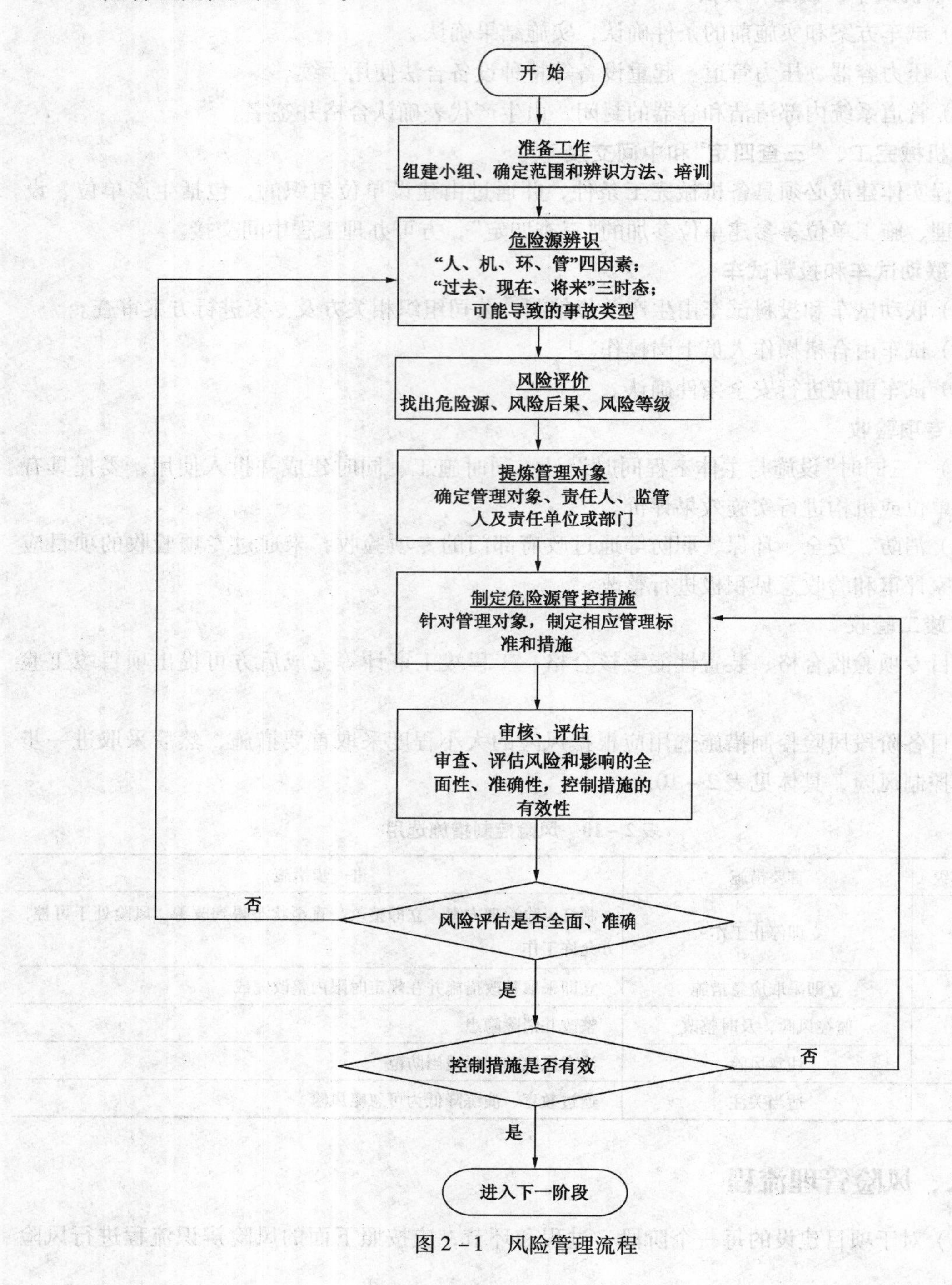

图2－1 风险管理流程

九、风险管控记录

项目应建立规范的风险管控记录，如危险源辨识评价表、作业危险性分析表、环境因素辨识评价表、重大危险源登记表、重要环境因素登记表、重大危险源管理方案登记表、重大危险源/重要环境因素评价报告等。

第三章
煤制油化工基本建设本质安全体系组织及职责

煤制油化工基本建设本质安全组织和安全职责是企业开展安全管理工作的基础，是各项安全工作执行和落实的组织与职责保障。通过设置完善的安全组织、配备合适的安全监督管理人员，为企业安全生产管理工作的开展提供机构与人员保障；通过建立和明确各岗位的安全职责，建立和落实企业的安全生产责任制，为企业安全工作建立明确的分工体系和责任体系。

一、公司安全委员会

1. 组织机构

主任：公司董事长(兼任)

常务副主任：公司总裁(兼任)

副主任：公司党委书记、公司副总裁和总工程师(兼任)

成员：公司各职能部门负责人

公司安全生产委员会办公室：设在公司安健环部

2. 职责

(1) 研究、决策公司安环职防目标、方针及重大问题；

(2) 督促安全生产责任制的贯彻落实；

(3) 审定公司安环职防规划和重要计划；

(4) 组织较大及以上事故隐患评估，并督促整改；

(5) 审查公司应急预案，协调应急救援；

(6) 集团公司授予的其他职权。

二、基建本质安全管理体系实施组织机构

1. 领导小组

组长：公司总裁(兼任)

副组长：分管安健环工作的公司副总裁（兼任）

成员：公司工程管理部和安健环部负责人、工程分公司总经理、生产分（子）公司主管基建的领导

基本建设本质安全管理领导小组办公室：设在工程管理部。

2. 职责

（1）本质安全管理领导小组组长是工程建设安全管理第一责任人；

（2）组织贯彻落实国家的有关法律、法规和政策，贯彻落实集团的战略方针、目标、计划和规定；

（3）组织制定公司的基建本质安全管理体系管理目标、管理方针；

（4）督促和指导各单位制定工程本质安全管理制度，及时修订和完善；

（5）督促落实工程建设安全管理责任制；

（6）督查工程建设安全资金的投入和有效实施；

（7）督查工程建设安全应急救援体系建立和运行；

（8）指导建立基建本质安全体系考核评价制度，定期组织考核评价；

（9）组织对体系运行总结、考核、评价；

（10）提出改进计划和要求。

三、公司相关职能部门的职责

1. 工程管理部职责

（1）工程管理部是公司基本建设项目建设管理的职能部门，负责公司工程建设项目从定义阶段至竣工验收阶段的全方位、全过程的管理、监督、协调、评价，包括工程设计、采购、施工、招投标、工程造价、竣工验收，工程施工安全、质量及工程技术等工作的管理；

（2）负责落实集团公司工程管理部关于工程管理方面的工作要求、部署和安排；

（3）负责有关工程建设管理制度的建立及监督执行。

2. 安健环部职责

（1）在国家、行业、上级部门安全健康环保法规与标准指导下，组织制订安全健康环保和技术监督管理标准、制度、规程及方案；

（2）制订安全生产责任制，安全、职业卫生和环保管理制度和操作规范；

（3）建立公司安全生产组织，执行安全生产管理制度和规范，落实安全措施，加强安全设施管理，最大限度地降低生产事故。

（4）负责安全、职防、环保方面的督促检查以及事故的调查处理。

3. 规划计划部职责

（1）制订公司年度基本建设投资计划、年度经营计划和项目前期开发计划，并负责跟踪管理；

（2）负责投资管理、项目经济评价、审查投资项目及工程概算、工程项目的监督执行；

（3）执行公司前期项目管理的有关制度，进行项目前期相关工作。

4. 公司其他业务部门职责

公司其他业务部门按照各自的业务管理职责，对项目实施专业管理。

四、分(子)公司职责

（1）建立与建设项目相适应的项目管理组织机构；

（2）明确具体管理职责，责任落实到人；

（3）确保安全各种资源的投入和有效实施；

（4）监督、协调项目相关方落实安全投入和有效实施；

（5）在项目进行的各个阶段，组织开展危险源、危害因素辨识、风险评估和风险控制工作；

（6）组织监督检查，消除安全隐患；

（7）建立应急预案和演练；

（8）定期组织本单位的基建本安管理的考核评价；

（9）提出体系改进建议及实施改进。

五、项目主任组和项目部职责

1. 项目主任组职责

（1）按照管理体系的要求对项目建设实施管理，组织和评审项目总体策划和总体统筹计划。

（2）组建项目部，安排生产代表参与工艺技术选择和关键设备选型，积极推进节能减排技术应用，并与项目部建立有效沟通渠道，体现一体化管理。

（3）建立协调机制，对项目总体和专项问题进行有效协调。

（4）确保年度目标和项目总体目标实现。

（5）遵守法律法规和有关规章制度，做到依法、合规建设。

2. 项目部职责

（1）在项目主任组的直接领导下，组织项目建设各项具体工作；

（2）按照批准的计划目标、质量目标、安全目标、造价目标组织项目建设；

（3）遵守法律法规和有关规章制度，做到依法、合规建设；

（4）协调好相关方的关系；

（5）定期向上级报告工程情况；

（6）接受上级的监督检查；

（7）如果出现偏离目标，及时采取有效纠偏措施并实施。

六、项目管理组织机构

通过鄂尔多斯煤直接液化和包头煤制烯烃两大国家示范工程的成功建设，已形成了煤制油化工建设项目专业化、一体化管理模式。

大型项目成立项目领导机构－项目主任组，项目主任组成员由工程分公司和生产分(子)公司有关领导组成，项目主任由公司任命。

新建项目和改扩建项目，由公司根据项目具体情况组建项目管理组织机构(项目部)；技术改造项目由生产分公司根据项目具体情况组织项目管理机构，并执行生产本质安全体系有关检维修和生产保运相关规定。

项目建设实施单位的部门与项目组之间，形成矩阵式管理。

基本建设项目组织关系和机构见图3－1～图3－3。

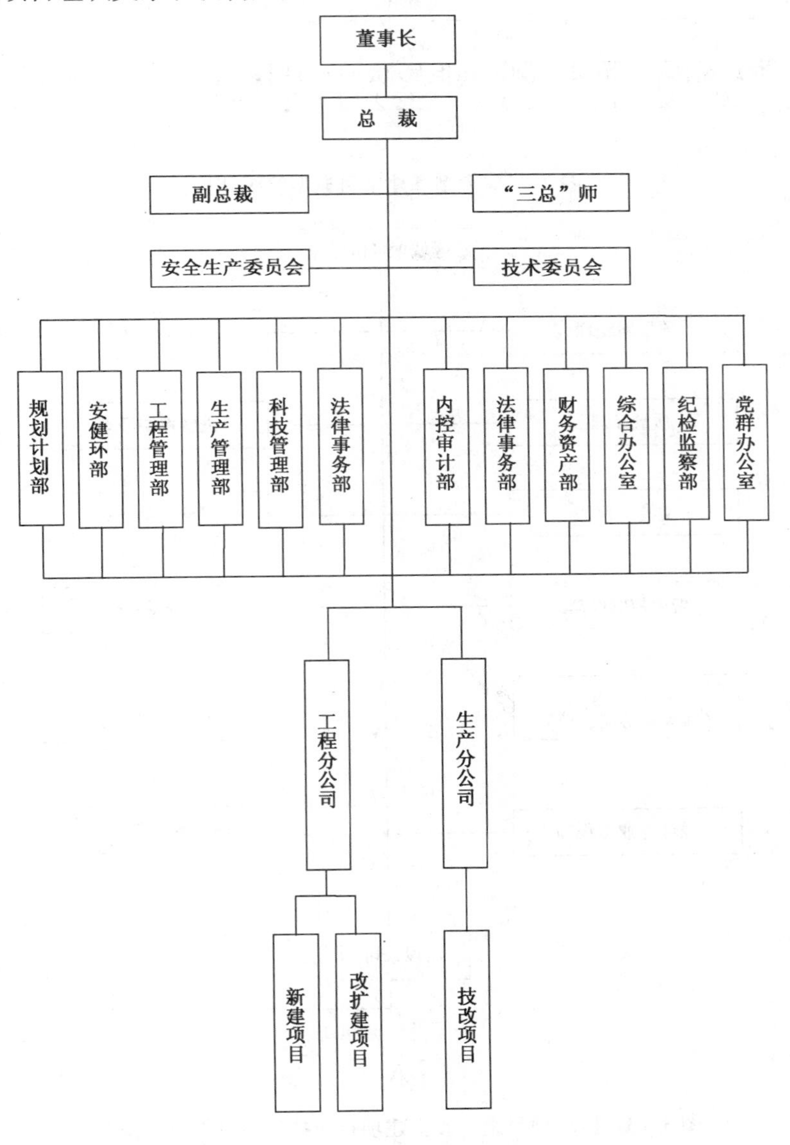

图3－1　基本建设项目组织关系图

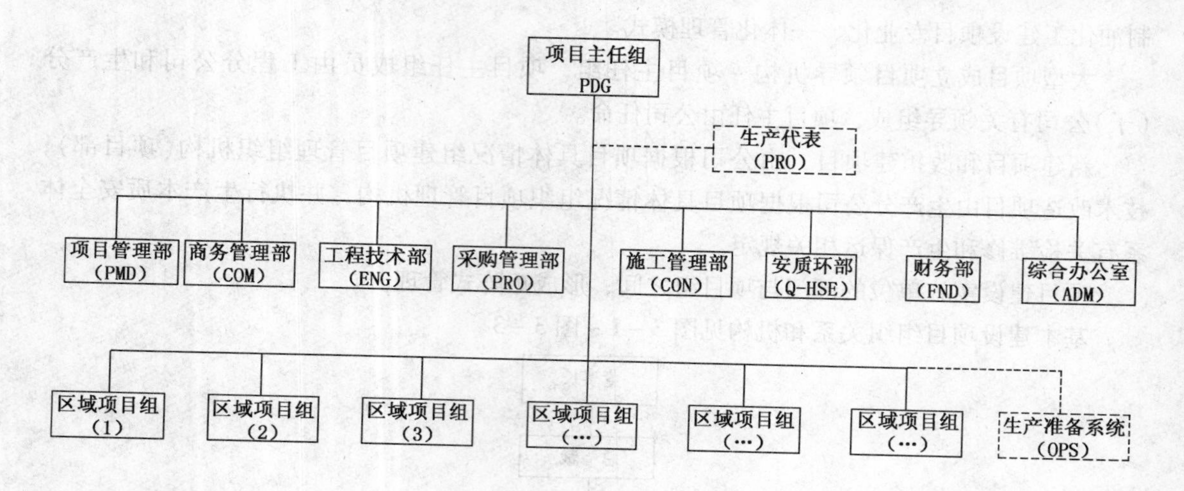

图3－2 大型基建项目典型组织结构

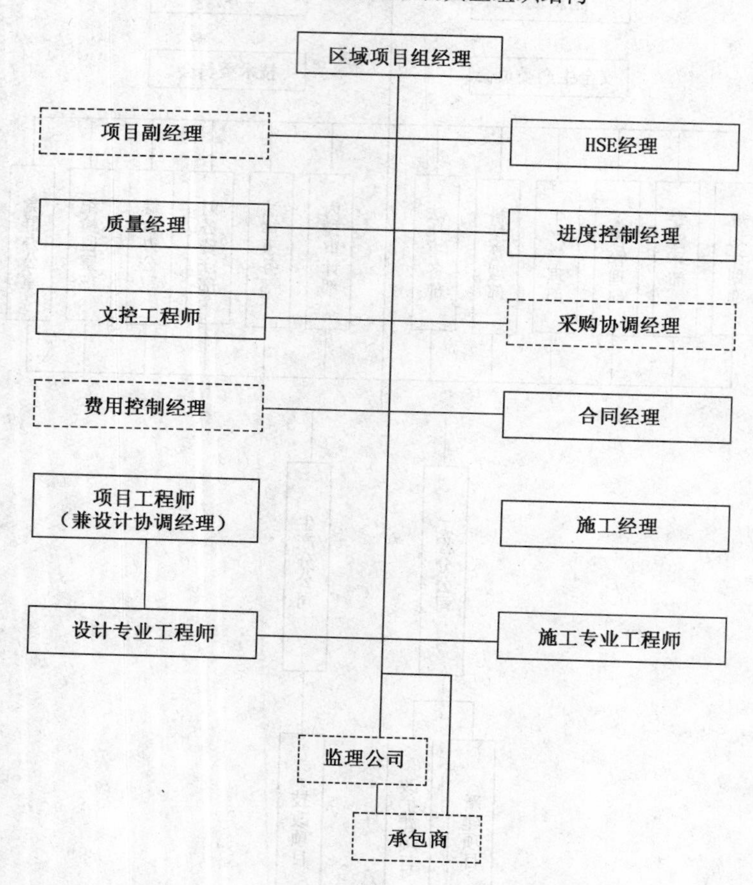

图3－3 区域项目组、改扩建项目或技改项目组织结构图

第四章
煤制油化工基本建设本质安全体系实施与运行

第一节 体系运行和实施要求

一、前期准备

1. 了解煤制油化工基本建设本质安全管理知识

（1）了解煤制油化工基本建设本质安全管理内涵、目标、流程；

（2）对煤制油化工基本建设本质安全管理模式进行剖析；

（3）组织各级员工进行本质安全内容学习。

2. 建立健全完善煤制油化工基本建设本质安全管理机构

（1）对现有的煤制油化工基本建设机构进行组织、合并、重组，为进行本质安全建设做准备；

（2）明确各机构在本质安全建设中职能；

（3）建立健全本质安全建设岗位责任制和领导责任制。

3. 建立健全煤制油化工基本建设本质安全管理相关制度

（1）建立健全各类岗位制度；

（2）建立健全各类奖惩制度；

（3）建立健全各类规章制度。

4. 煤制油化工基本建设本质安全管理建设目标、方案流程设定

（1）结合煤制油化工基本建设实际情况明确企业自身本质安全建设目标；

（2）结合煤制油化工基本建设实际情况确定企业本质安全建设方案；

（3）结合煤制油化工基本建设实际情况明确企业本质安全建设详细步骤、流程。

二、体系运行流程

煤制油化工基本建设本质安全体系运行遵循一般体系计划（P）—实施（D）—检查（C）—

改进(A)闭环循环的运行规律，见图4－1。

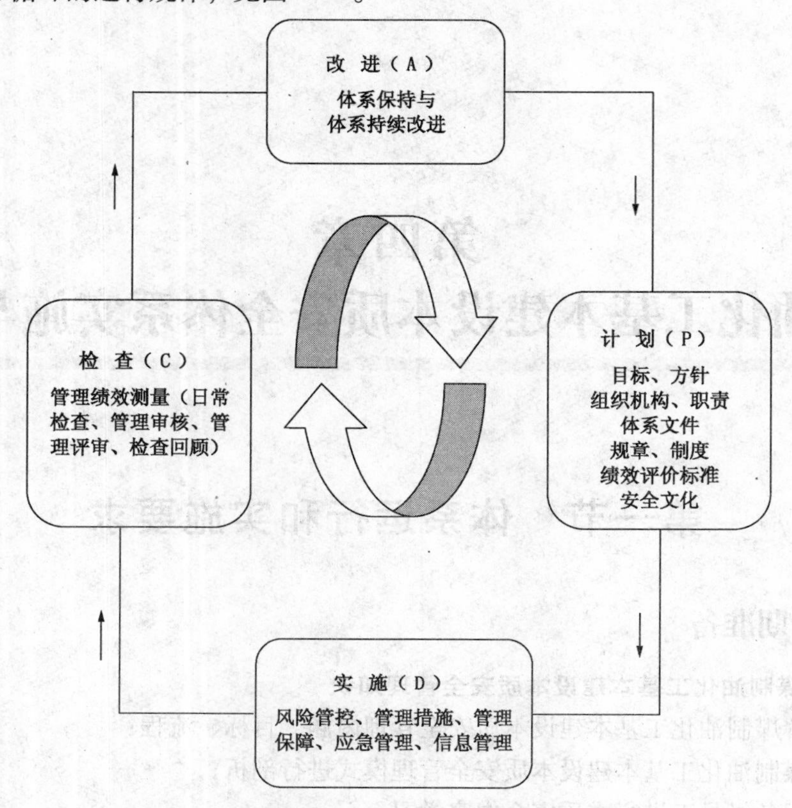

图4－1 煤制油化工基本建设本质安全体系实施运行图

PDCA循环强调持续改进，其流程如下：

（一）计划阶段

1. 煤制油化工基本建设本质安全理念导入

企业全体员工了解、学习掌握煤制油化工基本建设本质安全管理内涵。企业全体员工，特别是最高管理层应该重视本质安全管理，并对此做出书面承诺。

2. 本质安全目标设定、建设流程方案规划

煤制油化工基本建设企业应该根据自己安全管理现状，制定本质安全建设目标，规划出具体的本质安全建设步骤和方案。

具体目标建立应该满足：

(1)目标要全面、要有层次(分解目标)。

(2）所确定的有关各项目标的指标必需可以测量。

(3）为确保目标的成功实施，企业还需为实现每个目标确定合理的和可实现的时间表。

(4）目标更切实际

3. 法规、本质安全管理标准与程序导入

制定识别和获取相关本质安全法规、标准、其他要求的程序。

及时更新有关法规、标准、其他要求的信息，并将这些信息传达给员工和其他有关的相关方。这是持续改进的基础。

4. 机构设立与职责明确

在原有的组织机构基础上，按照本质安全管理要求，设立本质安全管理委员会（安委会），委员会一般应包括风险管理小组、标准与措施管理小组、保障管理小组、本质安全文化管理小组、人员不安全行为控制与管理小组、考核评价小组以及信息管理小组。各小组的职责应根据企业的实际情况具体确定，一般的各小组应负有以下职责：

风险管理小组负责风险管理知识技能的培训、相关程序、制度的制定与修改完善，负责危险源现场监测、风险预警的管理工作。

标准与措施管理小组负责标准与措施制定、监督检查现场执行情况，并进行修改完善。

保障管理小组负责制定相应的配套保障措施，使本质安全管理工作得到持续有效运行。

本质安全文化管理小组负责本质安全文化的建设，让员工形成恒久性安全价值观以及与之相关的安全宗旨、信念和行为习惯。

人员不安全行为控制与管理小组负责对相关规章制度、措施的制定与修改完善，对不安全行为进行统计分析、认定、责任追究和行为校正。

考核评价小组依据“考核评分标准”及相关法律、法规、技术标准及行业数据资料，对本质安全管理进行定期、定性和定量评审，做出评审结论，编制安全评审报告。

信息管理小组负责本质安全管理信息系统的管理与维护，确保信息系统正常运行。

5. 危险源辨识与风险评估

在煤制油化工基本建设安全事故发生的机理分析的基础上，对本企业所有可能发生的事故的影响因素——危险源进行辨识。并进一步对危险源的风险程度进行评估。

6. 管理标准与管理措施的制定

在危险源辨识与风险评估的基础上，进一步提炼管理对象，并制定针对管理对象的消除或控制危险源的管理标准和管理措施。

7. 制定完善的管理制度

制定煤制油化工基本建设本质安全各类保障制度、奖惩制度，保障本质安全工作得到持续有效运行。

（二）实施阶段

1. 发布

对计划阶段形成的各种方针、目标、标准与措施以及各类制度进行签发。

2. 培训与落实

对计划阶段形成的各种方针、目标、标准与措施以及各类制度，组织企业各层次人员进行综合性的和有针对性的培训，并在培训的基础上，进一步实施、落实。

3. 安全文化建立

安全文化是煤制油化工基本建设本质安全建设灵魂。煤制油化工基本建设企业要根据自身特点建立适合本企业发展的本质安全文化，并制定安全文化的实施具体方案。

4. 应急响应

评价潜在的事故和应急响应需求，制定应急预案并进行应急演练，提高个人防护能力，减少潜在事故和紧急情况发生及其影响。

5. 记录与档案管理

建立并保存本质安全管理的记录和档案，以利于企业改进本质安全管理体系，证实其有效性。记录和档案应字迹清楚、标识明确，并可追溯相关的活动。记录和档案的保存和管理应便于查阅，避免损坏、变质或遗失。记录和档案都要有目录清单。应规定并记录保存期限，加强监督管理，由授权人员进行记录的销毁。

（三）检查阶段

1. 本质安全管理监控

按照煤制油化工基本建设本质安全建设目标、管理标准，对煤制油化工基本建设日常的本质安全建设进行适时监控，发现问题及时解决。

2. 内部审核与外部评价

通过内外部审核和管理评审方式，评价本质安全管理体系的符合性和有效性，形成持续改进机制。

内部审核，有时称第一方审核，即企业的员工或其他人员以企业的名义进行审核。外部审核包括通常所说的“第二方审核”，第二方审核由外部独立的组织进行。

（四）改进阶段

依据内部审核和外部评价找出一个周期内煤制油化工基本建设本质安全建设与目标和要求的差距，在下一个建设周期制定相应改进措施。

三、体系实施和运行要求

本质安全管理工作应贯穿于煤制油化工基本建设管理全过程，树立“安全源于设计，安全源于质量，安全源于风险”的思想，摆正投资、进度、质量、安全的关系，在工程设计阶段就要充分考虑到施工、生产和检维修过程中的安全可靠性，在施工阶段要考虑以优良的工程质量保证装置中交后的运行安全，在试生产阶段考虑保障工厂长周期安全稳定运行。

（一）项目前期阶段体系实施和运行

项目前期阶段结合公司的质量管理体系或职业健康、安全与环境管理体系的相关程序等，对项目本质安全管理工作在全系统全寿命周期范围内进行策划；并对项目前期工作过程危险源进行分析，为设计工作提供指导；对前期安全设计文件进行审查，进一步加强前期阶段本质安全管理工作。

1. 项目本质安全管理策划

根据项目性质、规模、合同要求和设计阶段，事先对项目本质安全管理进行全面策划，并将策划结果纳入项目实施计划/项目开工报告或编制独立的项目本质安全设计计划。项目本质安全管理策划的主要内容包括：

（1）明确项目本质安全管理的方针、目标和要求；

（2）确定项目本质安全管理模式、组织机构和职责分工；

（3）明确项目本质安全管理的范围、依据、法律法规、标准规范和有关规定的要求；

（4）开展过程危险源分析和项目安全设计审查的时间、方法、内容和要求；

（5）制订项目本质安全管理计划。

2. 项目前期工作过程危险源分析

（1）前期工作过程危险源分析的目的

① 辨识需要特别关注的和潜在的危险化学物质和过程危险源。对工艺路线和工艺方案的本质安全设计进行审查；

② 对煤制油化工建设项目安全条件进行论证，评估项目厂址选择的可行性；

③ 确认缺失的重要信息，提示下一级过程危险源分析的注意点。

（2）前期工作过程危险源分析的重点

① 工艺危险辨识，对来自于过程中使用的危险化学物质进行分析

根据经过评审确认的危险化学物质安全数据表（MSDS）及有关数据资料，对工艺过程所有物料（包括原料、中间体、副产品、最终产品，也包括催化剂、溶剂、杂质、排放物等）的危险性进行分析：

a）定性或定量确定物料的危险特性和危险程度；

b）危险物料的过程存量和总量；

c）物料与物料之间的相容性；

d）物料与设备材料之间的相容性；

e）危险源的检测方法；

f）危险物料的使用、加工、储存、转移过程的技术要求以及存在的危险性；

g）对需要进行定量分析的危险源提出定量分析的要求。

② 对来自于加工和处理过程潜在的危险源进行分析

根据工艺流程图、单元设备布置图，危险化学品基础安全数据以及物料危险源分析的结果等对加工和处理过程的危险源进行分析：

a）联系物料的加工和处理的过程，辨识设备发生火灾、爆炸、毒气泄漏等危险和危害的可能性及严重程度（定性和定量分析）；

b）辨识不同设备之间发生事故的相互影响；

c）辨识各独立装置之间发生事故的相互影响；

d）辨识一种类型的危险源与另一种类型危险源之间的相互影响；

e）辨识装置与周边环境之间的相互影响。

③ 对建设项目的可行性进行分析

根据总平面布置方案图、周边设施区域图、建设项目内在危险源分析的结果以及搜集、调查和整理建设项目的外部情况，对建设项目的可行性进行分析，并提出项目决策的建议。

重点关注厂址危险，分析项目拟建厂址所在地自然地理环境及周边地区可能对安全带

来的影响及危害，如：地震、气象(风、雨、雷、电等)、地质灾害、疾病等等影响因素，为建设项目可行性分析提供依据。

（3）前期工作过程危险源分析的结果

前期工作过程危险源分析的结果决定于分析所确定的对象、目标和内容。可能获取的结果包括下列全部或部分：

① 物料危险有害性质的基础数据；

② 装置各部分危险有害物料总量清单；

③ 对潜在危险源的辨识和评价；

④ 需要特别关注的危险源一览表；

⑤ 对影响其他装置和周边地区的重大危险源定量评价的建议；

⑥ 对项目决策的全面评估和建议；

⑦ 对本质安全对策措施和其他安全对策措施的建议；

⑧ 对厂址选择、总平面布置的建议；

⑨ 灾难应急计划的指导原则；

⑩ 缺失数据一览表。

3. 前期工作安全审查

（1）工艺设计文件审查

前期工程设计阶段是决定项目本质安全设计最重要的阶段。设计单位应对本阶段工艺包设计、概念设计所输出的设计文件进行安全设计审查，审查的重点是：

① 是否按照本质安全设计的原则，采取消除、预防、减弱、隔离等方法，将工艺过程危险降到最低；

② 是否设置了必要的安全联锁系统，以保证一旦发生意外事故时可及时终止危险反应的加剧和蔓延；

③ 根据工艺专利技术在其他工厂的应用情况和经验教训，所采用的工艺过程安全防护措施是否充分有效。

（2）项目厂址和总平面布置方案审查

项目厂址和工厂总平面布置审查的重点是：

① 建设项目内在的危险、有害因素和建设项目可能发生的各类事故，对建设项目周边单位生产、经营活动或者居民生活的影响；

② 建设项目周边单位生产、经营活动或者居民生活对建设项目投入生产或者使用后的影响；

③ 建设项目所在地的自然条件对建设项目投入生产或者使用后的影响。

（二）项目定义阶段体系实施和运行

项目定义阶段本质安全管理体系实施和运行一般包括如下要素：过程危险源分析、项目安全对策措施设计、项目安全设计审查等。

1. 项目定义阶段过程危险源分析

（1）工程设计过程危险源分析的目的

① 通过对工程设计输出的系统审查，以确保所有潜在的、不可接受的危险源得到充分地辨识和评价并采取了可靠的预防控制措施；

② 识别和评价工程设计已经采取的安全设施设计的充分性、可靠性和合规性；

③ 审查前期工作过程危险源分析的执行结果，将未关闭问题纳入本级审查；

④ 为《建设项目安全设施设计专篇》的编制提供依据。

（2）专业过程危险源分析

设计各相关专业应在前期工作过程危险源分析和《建设项目设立安全评价报告》的基础上，对照采用的法规、标准、规范和规定对本专业的工程设计进行过程危险源分析。专业过程危险源分析与各专业安全设计审查同时进行。

① 分析的形式

设计者自查、专家审查、专业组审查。

② 分析的内容

a）前期工作过程危险源分析对本专业提出的问题和建议是否已经回答并采取了措施，新措施安全性是否已经评价；

b）工程设计系统危险源分析对本专业提出的问题和建议是否已经回答并采取了措施，新措施安全性是否已经评价；

c）《建设项目设立安全评价报告》对本专业提出的问题和建议是否已经回答并采取了措施，新措施安全性是否已经评价；

d）本专业特殊分析的要求。

（3）系统过程危险源分析

① 系统过程危险源分析是指采用 HAZOP 等分析方法，对选定的某个设计装置（单元）进行多专业的、系统的、详细的审查，对工厂各部分之间的影响进行评价并提出采取进一步措施的建议。

② 成立由具有不同专业背景的人员组成的审查小组实施系统过程危险源分析。

③ 系统过程危险源分析要经过周密的策划，明确分析的目的、对象和范围；做好充分的信息和资料的准备；选择合适的分析方法；确定分析小组成员的构成；制订可行的执行计划。

④ HAZOP 方法包括以下步骤：

a）将系统分成若干部分（例如：反应器、存储设备）；

b）选择一个研究的节点（例如：管线、容器、泵、操作说明）；

c）解释此一节点的设计意图；

d）选择某一过程参数；

e）选择某一引导词应用于该过程参数以辨识出有意义的偏离；

f）分析偏离的原因；

g）分析与偏离相关的后果；

h）辨识已经采取的防护措施；

i）确定后果严重性等级；

j）确定后果可能性等级；

k）确定风险的等级；

l）评估风险的可接受性；

m）提出改进建议；

n）对其他过程参数重复上述步骤。

⑤ 根据以上步骤进行 HAZOP 分析后形成详细的记录和报告并跟踪后续措施的落实情况。HAZOP 分析记录样表见表 4－1。

表 4－1　HAZOP 分析工作记录表（示例）

<table>
<tr><td colspan="2">节点序号</td><td colspan="2">节点描述</td><td colspan="8">设计意图</td></tr>
<tr><td colspan="2"></td><td colspan="2"></td><td colspan="8"></td></tr>
<tr><td colspan="4">图号</td><td>会议日期</td><td colspan="7"></td></tr>
<tr><td colspan="4"></td><td>参加人员</td><td colspan="7"></td></tr>
<tr><td rowspan="2">序号</td><td rowspan="2">参数/引导词</td><td rowspan="2">偏差</td><td rowspan="2">原因</td><td rowspan="2">后果</td><td rowspan="2">已有保护措施</td><td colspan="3">风险分析</td><td rowspan="2">建议措施</td><td rowspan="2">责任单位/人</td><td rowspan="2">备注</td></tr>
<tr><td>严重性</td><td>可能性</td><td>风险等级</td></tr>
<tr><td></td><td></td><td></td><td></td><td></td><td></td><td></td><td></td><td></td><td></td><td></td><td></td></tr>
<tr><td></td><td></td><td></td><td></td><td></td><td></td><td></td><td></td><td></td><td></td><td></td><td></td></tr>
</table>

⑥ 系统过程危险源分析注意问题：

a）审查组在 HAZOP 方法的引导下确保审查对象的全覆盖，使所有潜在的不可接受的危险源尽可能得到辨识；

b）在分析时注意危险源对全系统的影响，对其他单元的影响；

c）有些装置从过程本身来看似乎没有直接的联系，但是从布置来看却相互毗邻。在分析时高度关注它们之间的相互影响；

d）在对每一部分进行分析时考虑装置的操作方式，例如：正常操作；减量操作；正常开车；正常停车；紧急停车；试车；特殊操作方式。

e）注意对设计中已采用的安全设施，特别是相互关联的一次响应、二次响应甚至多次响应的设施的识别和评价。

2. 项目安全对策措施设计

落实项目前期阶段的危险源分析，进一步深化防范措施。如专题研究消防设计、环境保护设计、安全设施设计、职业卫生设计、抗震设防等。

消防设计的内容主要有：装置火灾危险因素分析、防火安全措施、消防设计等等。

环境保护的内容主要有：装置的主要污染源和主要污染物，环境保护措施，绿化，环境监测设施，环境管理机构，环保投资；环境保护措施的预期效果，环境影响报告书（表）及其批复意见的执行情况等等。

安全设施设计的内容主要有：建设项目涉及的危险、有害因素分析，设计采用的安全设施和措施，建设项目安全评价报告中的安全对策和采纳情况，事故预防及应急救援措施，安全管理机构的设置及人员配置等等。

职业卫生的内容主要有：生产过程中职业病危害因素对作业场所和劳动者健康的影响分析，职业卫生防护措施及控制性能，职业病防治工作的组织管理，预期效果等等。

抗震设防的内容主要有：工程建设场地地震地质灾害评价的主要内容，抗震设计采用的抗震设防参数，抗震设计的技术措施等等。

3. 工程设计安全审查

（1）重要设计文件的安全审查

① 对安全设计影响重大的设计文件进行安全审查，主要文件包括：

a）总平面布置图；

b）装置设备布置图；

c）危险区域划分图；

d）工艺管道和仪表流程图（P & ID）；

e）公用工程管道和仪表流程图（UID）；

f）火炬和安全泄放系统设计；

g）消防系统设计；

h）抵抗偶然作用能力的结构设计；

i）其他。

②《安全设施设计专篇》审查：

《安全设施设计专篇》是基础工程设计阶段应提交业主和相关监督管理机构审查的重要设计文件，是设计单位对本项目安全设计的完整陈述和概括，是决定项目详细设计的重要依据。要按照国家相关法规和合同规定的要求进行全面的审查。审查的主要内容包括：

a）安全设施设计是否符合有关安全生产的法规、标准、规范、规定以及建设项目设立安全评价报告的要求；

b）安全设施设计是否充分、可靠，符合安全对策措施的设计原则，确保从建设项目的源头将伤害和损坏的风险减小到合理的最低水平；

c）对未采纳《建设项目设立安全评价报告》中的安全对策和建议是否进行了充分论证和说明；

d）《安全设施设计专篇》的编制深度是否符合《危险化学品建设项目安全设施设计专篇编制导则》的要求。

（2）HAZOP 审查

① 在项目本质安全管理计划中规定在基础工程设计阶段进行 HAZOP 审查。

② HAZOP 审查的目的是采用系统的、结构化的审查方法，对已经采取的安全对策措施以及建设项目各部分之间的相互影响进行评价并记录审查过程中提出的所有问题。这些问题将提交设计者进一步甄别和决策，并对设计进行补充和修改。识别设计、操作程序和设

备中的潜在危险，将项目中的危险尽可能消灭在项目实施的早期阶段。HAZOP 生成的记录，为企业提供危险分析证明，并应用于项目实施过程。HAZOP 提供早期的措施与实际采取措施偏差之间的因果关系，以消除或降低风险。

③ HAZOP 审查报告中包含有针对已辨识的安全和操作性问题提出的建议措施，设计单位应对已完成的措施进行复查并及时更新该报告。

(3)安全仪表系统(SIS)审查

安全仪表系统审查的主要内容包括：

① 重点识别受控装置(设备)对安全仪表系统目标安全完整性等级(SIL)的要求；评价安全仪表系统能否实现要求的安全功能以及自身能达到安全功能要求所需的安全完整性。

② 审查整个装置的安全仪表系统与过程检测和控制系统是否进行了综合考虑和整体设计；

③ 审查仪表控制系统发生故障时(包括仪表动力源故障、仪表功能失效、仪表运行环境变化等)的危险状态，系统自动防止故障的能力以及设计采取的措施。

④ SIS 审查同样是一项比较复杂的审查，一般应在审查前进行策划并列入项目安全设计计划。

(三)项目执行阶段体系实施和运行

项目执行阶段本质安全管理体系实施和运行一般包括如下要素：过程危险源分析、项目安全设计审查、项目安全设计变更控制、项目施工过程安全管理等。

1. 项目执行阶段过程危险源分析

(1) 项目执行阶段过程危险源分析的目的

项目执行阶段过程危险源分析是在基础工程设计过程危险源分析的基础上进行补充分析，防止遗漏(包括厂商供货的接口)和设计变更带来的新风险。

(2) 项目执行阶段过程危险源分析的重点

① 基础工程设计过程危险源分析对详细工程设计的建议；

② 基础工程设计过程危险源分析的遗留问题；

③ 因设计方案调整、成套设备厂家文件的确定等各种原因而导致的设计变更；

④ 业主或相关监督管理机构要求对项目的某部分或全部实施的 HAZOP 分析。

2. 项目执行阶段安全审查

(1) 修改或新增部分的安全审查

由于基础工程设计阶段《安全设施设计专篇》已通过业主确认和相关监督管理机构的审查并获得了批准，如果详细设计对总平面布置、安全设计方案等发生重大变更时均应按原程序重新进行安全审查，必要时还需向原批准机构报批。

(2) 操作手册审查

详细工程设计的适当时候，应召开有多专业参加的评审会对操作原则及操作手册的审查，以确保操作手册符合操作原则的要求，并对操作指令和安全防护措施进行充分具体的说明。

（3）HAZOP 审查

① 如果在基础设计阶段已进行过 HAZOP 审查，在详细设计阶段可重点审查发生变更的部分或者是因设计方案调整、成套设备厂家文件的确定等各种原因而导致的设计变更。

② 对特定的项目，当详细设计全部完成以后，业主或相关监督管理机构可能要求对项目的某部分或全部实施 HAZOP 审查。

（4）项目执行阶段安全审查过程中的考虑因素

① 业主或相关监督管理机构的要求；

② 法规、条例、标准、规范的要求；

③ 前期工作过程危险源分析产生的要求；

④《建设项目设立安全评价》的要求；

⑤ 危险与可操作性研究（HAZOP）的要求；

⑥ 对提议的变更进行成本效益评价的要求；

⑦ 对设计方案在实施过程中的可施工性审查要求等。

3. 项目安全设计变更控制

（1）项目安全设计变更的主要内容

① 基础工程设计文件对《建设项目设立安全评价报告》及审批意见的变更；

② 详细工程设计对基础工程设计文件安全审批意见的变更；

③ 采购订货和施工安装对详细工程设计文件中安全设计的变更。

（2）项目安全设计变更管理程序

设计变更控制是确保煤制油化工建设项目安全性的重要措施。设计单位应建立项目安全设计变更管理程序，严格按程序进行变更管理。

变更管理程序可以与本单位质量管理体系设计变更管理程序合并实施，但应包含下列项目安全设计变更的具体要求：

① 任何相关方的变更要求都应按程序提交书面变更申请；

② 设计变更实施前应得到批准，任何未经批准的变更方案不得实施；

③ 对设计变更应进行评审、验证和确认，变更评审应包括过程危险源辨识和风险再评价，以及更改对已交付设计文件及其组成部分的影响。

④ 明确变更内容、责任人员和控制要求；

⑤ 受潜在变更影响的各单位、各专业、各相关人员（包括设计、施工、操作、维修和合同方人员等）能及时收到设计变更的通知和接受相关培训；

⑥ 与变更相关的各专业都应参与变更单的编制，及时提交和跟踪变更单；

⑦ 及时提交和填写文件更新申请单，以保证最终的文件均为变更后的有效文件；

⑧ 应建立“变更紧急放行控制程序”，防止因紧急放行带来的风险。

（3）项目安全设计变更的实施

① 设计单位应保证全体项目设计人员都了解安全设计变更管理程序；

② 设计单位应与包括建设单位、施工单位在内的各相关方建立安全设计变更沟通渠

道，保证项目安全设计变更管理程序为各相关方所理解和接受；

③ 设计单位应确保来自任何相关方的设计变更要求都严格按变更管理程序执行；

④ 项目安全设计文件因验证和内部审查后更改，应按设计单位设计变更管理程序文件规定进行更改，确认后签署并归档；

⑤ 建设单位、施工单位和其他协作、分包单位来往反馈意见的更改，应按程序提交变更申请单位的最终确认；

⑥ 采购、施工阶段安全设计更改，按设计单位设计变更程序文件规定执行；

⑦ 项目安全设计文件图纸经相关监督管理机构批复后，如有重大安全设计方案变更时，应重新报原管理机构进行审查、批复和确认。

4. 项目施工过程安全管理

（1）通过对职业健康、安全与环境相关的设备设施的设计、建造、采购、安装、调试、操作、维护和检查实施控制，确保满足生产安全运行的要求，有效削减和控制风险。

（2）根据主要业务活动内容，确定执行的相关标准、规范，明确提出设备或设施完整性的要求，以确保对健康、安全与环境相关的设施的设计、建造、采购和检查符合规定的标准要求。

（3）设备、设施购置及建造前，应进行职业健康、安全与环境评价，设计时尽可能靠本质安全设计来削减和控制风险和影响。

（4）通过对承包方和供应方的恰当管理，使承包方（或）供应方的管埋与公司的本质安全管理体系要求相一致，承包方的活动和（或）供应方提供的物资在职业健康、安全与环境方面满足公司项目本质安全的要求。

（5）公司要建立相关方控制管理程序，以保证承包方和供应方的管理与公司的本质安全管理体系要求相一致；建设方应与承包方和供应方之间应有特定的关系文件如合同、协议等，明确各自的责任，在工作开始之前解决存在的差异，认可相关的工作成果文件要求，不应存在理解上的歧义。

（6）满足国家或地方政府有关消防、安全、环保、水保、职防、特种设备等方面的要求，包括事前申报或告知、过程检验或检查、最终验收或批准。

（7）为识别、确定并满足顾客有关职业健康、安全与环境方面的需求，应对项目投产运行过程的健康、安全与环境的风险和影响进行评估。

（8）建立并保持与社区和公共关系联系和沟通的渠道，获得社区相关方对企业改进健康、安全与环境表现的支持，定期收集社区内和公共关系各相关方关于职业健康、安全与环境管理的意见、要求和建议；通过适当的规划和活动向社区和公众表明公司的职业健康、安全与环境风险、影响及管理绩效，获得社区内各相关方对公司改进职业健康、安全与环境表现的支持、理解。

（9）为确保非常规活动和任务得到有效的控制，应对危险的作业活动实施作业许可管理，控制和削减风险，预防事故、保护员工健康安全。风险主要来自于监督承包商行为时所处的环境及承包商的作业风险，因此应制定作业许可以对承包商施加影响。

（10）承包方的危险性作业实施前，应办理作业许可申请，作业许可的内容包括：作业影响范围、作业类型、危害因素、风险控制措施、场所负责人、应急措施、作业时间、作业人员的资格和能力、作业监督、与内外部交流发生等。

（11）通过对活动、产品和服务运行过程中存在健康、安全与环境风险实施控制，制定必要的程序和工作指南，保证过程在规定的条件下运行，确保实现健康、安全与环境承诺、方针、目标。

（12）对工程变更及由变更带来新的风险进行控制，避免和减少由于各种变更对健康、安全与环境造成的有害影响。有计划地控制设施、工艺、人员、过程和程序等永久性或暂时性的变化，以避免对健康、安全与环境产生有害影响及风险。

（13）通过对可预见的突发事件进行系统的分析、识别潜在的紧急情况和事故，并规定响应措施，以减少或避免由紧急情况和事故而引发的疾病、伤害、财产损失和环境影响。

（14）应建立项目的应急指挥机构，系统地识别项目潜在的事件或紧急情况，以便预防和减少可能随之引发的疾病、伤害、财产损失和环境影响，明确在紧急情况下的应急控制措施和各级应急预案的接口关系。

（15）制订应急演练计划，按计划对应急预案进行定期演练，并在演练后或事件、紧急情况发生后进行评审，依据评审结果对应急预案进行修订；当潜在事故和紧急情况发生时，立即执行应急准备与响应程序。首先要确保人员的生命安全，再采取紧急有效的措施，尽量减少财产损失和对环境的有害影响；定期组织检验和检查应急所需的装备和设施，确保所有应急资源处于完好、备用状态。

（四）项目机械完工预试车阶段体系实施和运行

本阶段进行的工作主要有：生产准备安全管理、预试车安全管理、工程中间交接安全管理及联动试车安全管理工作。

1. 生产准备安全管理

在进行生产准备过程中要进行的安全管理主要有：专项资金、机构与人员、制度、培训教育及上岗资格、劳动防护、危险辨识分析与措施、应急预案、周边环境安全、区域限制措施等等准备，为安全稳定生产奠定基础。

（1）资金保障：应保证煤制油化工机械竣工、生产准备和试车期间的安全生产资金投入。

（2）机构与人员要求：煤制油化工装置试车之前，应按法律、法规的规定，设置安全生产管理机构或配备专职安全生产管理人员。在试车期间，还应根据需要增加安全管理人员，满足安全试车需要。

（3）应建立的制度：应按照《危险化学品从业单位安全标准化通用规范》（AQ 3013—2008）的规定，结合本企业特点，组织制定各项安全生产责任制、安全生产管理制度等。

（4）培训教育要求：

a）教材要求：要充分收集和整理汇编国内外有关安全技术资料和事故案例，本企业化工装置的安全、消防设施使用维护管理规程和消防设施分布及使用资料等，明确化工装置试车前必须具备的安全条件，形成培训教材，实施针对性教育。

b）对主要负责人、安全生产管理人员和特种作业人员的培训要求：必须依法接受政府有关主管部门组织的安全生产培训教育、安全作业培训，经考核合格取得安全资格证书或特种作业操作资格证书后，方可任职或上岗作业。

c）员工培训要求：必须对所有员工进行严格的安全教育，使其具备必要的安全生产知识，熟悉有关的安全生产规章制度和安全操作规程，掌握本岗位的安全操作技能。新职工必须经过厂、车间、班组三级安全教育。未经安全生产教育和培训合格的从业人员，不得上岗作业。

d）外协人员的培训要求：必须对参与试车的施工人员、工程监理人员、外聘保运人员等进行相应的、严格的安全教育。

（5）劳动防护要求：必须按照设计文件和国家有关标准的规定，为职工提供符合国家标准或者行业标准的劳动防护用品，并监督、教育职工正确佩戴、使用。

（6）危险辨识与安全预防：应按风险评价管理程序，运用工作危害分析（JHA）、安全检查表分析（SCL）、预先危险性分析（PHA）等方法，对各单元装置及辅助设施进行分析，辨识可能发生的危险因素和危险的区域等级，制定相应措施，编制事故应急预案。要把防泄漏、防明火、防静电、防雷击、防电器火花、防爆炸、防冻裂、防灼伤、防窒息、防震动、防违章、防误操作等，作为安全预防的主要内容。

（7）对危险性较高、工艺技术复杂的煤制油化工装置应采用危险与可操作性分析（HAZOP）技术，系统、详细地对工艺过程和操作进行检查，对拟订的操作规程进行分析，列出引起偏差的原因、后果，以及针对这些偏差及后果应使用的安全装置，提出相应的改进措施。

（8）应急救援要求：必须建立应急救援组织和队伍，按照化工装置的规模、危险程度，依据有关标准规定，编制三级（一般为公司级、车间级和班组级）应急救援预案，履行企业内部审批程序，配备应急救援器材，组织学习和演练。

煤制油化工装置试车现场的应急通道设置应符合有关标准规范的要求：试车前通道、出入口和通向消防设施的道路应保持畅通；建筑物的安全疏散门，应向外开启，其数量符合要求；设备的框架或平台的安全疏散通道应布置合理；疏散通道设有应急照明和疏散标志；设置风向标。

（9）重大危险源管理要求：必须按照《危险化学品重大危险源辨识》GB 18218—2009 及安全评价资料，辨识重大危险源，并将重大危险源及相关安全措施、应急救援预案报当地安监部门和有关部门备案。

（10）周边环境安全：组织调查煤制油化工装置周边环境的安全条件，及早准备相应的措施，确保试车周边环境的安全。

a）煤制油化工装置选址应符合国家和地方有关城乡规划、安全、环保、消防、职业卫生等法律、法规、规章和标准的要求，周边计划搬迁的村庄、居民区、建（构）筑物、工厂设施等应搬迁完毕，其他影响安全生产的遗留问题应彻底解决。

b）涉及重大危险源和易燃、易爆、易中毒及严重噪声污染等危害的煤制油化工装置试车前，应按有关规定要求，以适当方式向周边企业和居民区进行危害告知。

c）周边各种生产、生活活动可能对煤制油化工装置试车安全产生严重影响的，应将此类活动及有害因素报告当地政府及其有关部门，协助当地政府及其有关部门组织整改并予以消除。

（11）区域限制措施：应在煤制油化工装置试车前，研究和制定试车的区域限制措施。

a）试车前，必须划定限制区域，实施煤制油化工装置区域人员限制措施。除必须参加现场指挥、联络和生产操作的人员外，未列入试车范围的人员必须撤离到安全区域；所有进出限制区域的人员必须登记造册，明确联系方式和工作区域。

b）所有进入限制区域内的人员，应实行划区管理、定位管理措施，在试车过程中不得随意超出规定区域。

c）试车前，装置区域内需在明显位置标识区域限制规定，制定管理制度，实施有针对性的培训。

2. 预试车安全管理

（1）预试车必须按总体试车计划和方案的规定实施，不具备条件不得进行试车。

（2）预试车应在必要的生产准备工作落实到位、消防及公用工程等已具备正常运行条件后进行。

（3）预试车前，建设(生产)单位、设计单位、施工单位、技术提供单位、设备制造或供应单位应对试车过程中的危险因素及有关技术措施进行交底并出具书面记录，施工单位应当编制并向建设(生产)单位提交建设项目安全设施施工情况报告。

（4）预试车前，应确认试车单元与其他生产或待试车的设备、管道是否隔绝并已进行安全处理，试车过程应设专人监护。

（5）预试车必须循序渐进，必须将安全工作置于首位，安全设施必须与生产装置同时试车，前一工序的事故原因未查明、缺陷未消除，不得进行下一工序的试车，决不能使危险因素后移。

（6）确需实物料进行试车的设备，经建设(生产)单位、设计单位和设备制造或供应单位协商同意后，可留到化工投料试车阶段再进行。

（7）预试车工作全部结束后，应组织有关部门及相关人员检查确认是否具备化工投料试车条件。

3. 单机试车安全管理

（1）单机试车前应达到的本质安全条件

① 工程施工：工程安装及扫尾工作应基本结束。施工单位应按照设计文件和试车的要求，认真清理未完工程和工程尾项，自检工程质量，合格后报建设单位和监理单位进行工程质量初评，并负责整改消除缺陷。

② 建设单位“三查四定”：建设(生产)单位应抓试车、促扫尾，协调、衔接好扫尾与试

车的进度，组织生产人员及早进入现场，分专业进行“三查四定”，即查设计漏项、查工程质量及隐患、查未完工程量，对检查出的问题定任务、定人员、定措施、定整改时间，及早发现和解决问题。

③ 试车组织、方案、人员及保障：试车方案已经制定并获得批准；试车组织已经建立，试车操作人员已经过培训并考核合格，熟悉试车方案和操作法，能正确操作；试车所需燃料、动力、仪表空气、冷却水、脱盐水等确有保证；测试仪表、工具、记录表格齐备，保修人员就位。

（2）实施要求

① 除大机组等关键设备外的转动设备的单机试车，应由建设（生产）单位组织，建立试车小组；由施工单位编制试车方案和实施，建设（生产）单位配合，设计、供应等单位的有关人员参加。

② 单机试车必须划定试车区，无关人员不得进入；试车必须包括保护性联锁和报警等自动控制装置；指挥和操作必须按照机械设备说明书、试车方案和操作法进行；严禁多头领导、违章指挥和操作，严防事故发生。

③ 根据有关规范要求和化工装置实际需要，制定管道系统压力试验、泄漏性试验、水冲洗、蒸汽吹扫、化学清洗、空气吹扫、循环水系统预膜、系统置换等各环节的操作法和要求，并严格执行。

④ 大机组等关键设备的单机试车，应由建设（生产）单位组织成立试车小组，由施工单位编制试车方案并经过施工、生产、设计、制造等单位联合确认。试车操作应由生产单位熟悉试车方案、操作方法、考试合格取得上岗证的人员进行。引进设备的试车方案，按合同执行。

⑤ 系统清洗、吹扫、煮炉由建设（生产）单位编制方案，施工、建设（生产）单位实施。系统清洗、吹扫要严把质量关，使用的介质、流量、流速、压力等参数及检验方法，必须符合设计和规范的要求，引进装置应达到外商提供的标准。

系统进行吹扫时，严禁不合格的介质进入机泵、换热器、冷箱、塔、反应器等设备，管道上的孔板、流量计、调节阀、测温元件等在化学清洗或吹扫时应予拆除，焊接的阀门要拆掉阀芯或全开。氧气管道、高压锅炉（高压蒸汽管道）及其他有特殊要求的管道、设备的吹扫、清洗应按有关规范进行特殊处理。吹扫、清洗结束后，应交生产单位进行充氮或其他介质保护。系统吹扫应尽量使用空气进行；必须用氮气时，应制定防止氮气窒息措施；如用蒸汽、燃料气，也要有相应的安全措施。

⑥ 单机试车时需要增加的临时设施（如管线、阀门、盲板、过滤网等），由施工单位提出计划，建设（生产）单位审核，施工单位施工。

⑦ 单机试车所需要的电力、蒸汽、工业水、循环水、脱盐水、仪表空气、工艺空气、氮气、燃料气、润滑油（脂）、物料等由建设（生产）单位负责供应。

⑧ 单机试车过程要及时填写试车记录，单机试车合格后，由建设（生产）单位组织建设（生产）、施工、设计、监理、质量监督检验等单位的人员确认、签字。引进装置或设备按

合同执行。

4. 工程中间交接安全管理

工程中间交接应具备的本质安全条件：

① 工程按设计内容施工完毕。

② 工程质量初评合格。

③ 管道耐压试验完毕，系统清洗、吹扫、气密完毕，保温基本完成，工业炉煮炉完成。

④ 静设备强度试验、无损检验、负压试验、气密试验等完毕，清扫完成，安全附件(安全阀、防爆门等)已调试合格。

⑤ 动设备单机试车合格(需实物料或特殊介质而未试车者除外)。

⑥ 大机组用空气、氮气或其他介质负荷试车完毕，机组保护性联锁和报警等自控系统调试联校合格。

⑦ 装置电气、仪表、计算机、防毒防火防爆等系统调试联校合格。

⑧ 装置区施工临时设施已拆除，工完、料净、场地清，竖向工程施工完毕。

⑨ 对联动试车有影响的“三查四定”项目及设计变更处理完毕，其他与联动试车无关的未完施工尾项责任及完成时间已明确。

5. 联动试车安全管理

(1) 联动试车必须具备的本质安全条件：

① 试车范围内的机器、设备等单机试车全部合格，单项工程或装置机械竣工及中间交接完毕。

② 生产管理机构已建立，岗位责任制已制定、落实并执行。

③ 技术人员、班组长、岗位操作人员已经确定，经考试合格并取得上岗证。

④ 设备位号、管道介质名称和流向及安全色按规范标志标识完毕。

⑤ 公用工程已平稳运行。

⑥ 试车方案和有关操作规程已经批准并印发到岗位及个人，在现场以适当形式公布。

⑦ 试车工艺指标、联锁值、报警值经生产技术部门批准并公布。

⑧ 生产记录报表齐全并已印发到岗位。

⑨ 机、电、仪修和化验室已交付使用。

⑩ 通讯系统已畅通。

⑪ 安全卫生、消防设施、气防器材和温感、烟感、有毒有害可燃气体报警、防雷防静电、电视监控等防护设施已处于完好备用状态。

⑫ 职业卫生监测点已确定，按照规范、标准应设置的标识牌和警示标志已到位。

⑬ 保运队伍已组建并到位。

⑭ 试车现场有碍安全的机器、设备、场地、通道处的杂物等已经清理干净。

(2) 联动试车应做到：

① 联动试车方案由建设(生产)单位负责编制并组织实施，施工、设计单位参与。

② 不受工艺条件影响的显示仪表和报警装置皆应参加联动试车，自控和联锁装置可在试车过程中逐步投用，在联锁装置投用前，应采取措施保证安全，试车中应检查并确认各自动控制阀的阀位与控制室的显示相一致。

③ 在规定期限内试车系统首尾衔接、稳定运行；参加试车的人员分层次、分类别掌握开车、停车、事故处理和调整工艺条件的操作技术；通过联动试车，及时发现和消除化工装置存在的缺陷和隐患，完善化工投料试车的条件。

④ 联动试车结束后，建设(生产)单位可按合同规定与施工单位或总承包等单位办理工程交接手续。

（五）项目试生产和竣工验收阶段体系实施和运行

本阶段主要包括投料试车及生产考核等过程的体系实施和运行情况管理。

1. 投料试车

（1）投料试车应具备的本质安全条件：

① 安全生产管理制度、规程、台账齐全，安全管理体系建立，人员经安全教育后取证上岗；

② 动火制度、禁烟制度、车辆管理制度已建立并公布；

③ 道路通行标志、防辐射标志齐全；

④ 消防巡检制度、消防车现场管理制度已制定，消防作战方案已落实，消防道路已畅通并进行过消防演习；

⑤ 岗位消防器材、护具已备齐，人人会用；

⑥ 气体防护、救护措施已落实，制定气防预案并演习；

⑦ 现场人员劳保用品穿戴符合要求，职工急救常识已经普及；

⑧ 生产装置、罐区的消防泡沫站、汽幕、水幕、喷淋以及烟火报警器、可燃气体和有毒气体监测器已投用，完好率达到100%；

⑨ 安全阀试压、调校、定压、铅封完；

⑩ 锅炉、压力容器、吊车、电梯已经劳动部门确认并发证；

⑪ 盲板管理已有专人负责，进行动态管理，设有台账，现场挂牌；

⑫ 现场急救站已建立，并备有救护车等，实行24小时值班；

⑬ 投料试车前，必须组织进行严格细致的试车条件检查。试车应坚持高标准、严要求，精心组织，严格做到“四不开车”，即：条件不具备不开车，程序不清楚不开车，指挥不在场不开车，出现问题不解决不开车；

⑭ 投料试车前应编制投料试车方案。

（2）投料试车应遵守下列规定：

① 试车必须统一指挥，严禁多头领导、越级指挥。

② 严格控制试车现场人员数量，参加试车人员必须在明显部位佩戴试车证，无证人员不得进入试车区域。

③ 严格按试车方案和操作法进行，试车期间必须实行监护操作制度。

④ 试车首要目的是安全运行、打通生产流程、产出合格产品，不强求达到最佳工艺条件和产量。

⑤ 试车必须循序渐进，上一道工序不稳定或下一道工序不具备条件，不得进行下一道工序的试车。

⑥ 仪表、电气、机械人员必须和操作人员密切配合，在修理机械、调整仪表、电气时，应事先办理安全作业票(证)。

⑦ 试车期间，分析工作除按照设计文件和分析规程规定的项目和频次进行外，还应按试车需要及时增加分析项目和频次并做好记录。

⑧ 发生事故时，必须按照应急处置的有关规定果断处理。

⑨ 投料试车应尽可能避开严冬季节，否则必须制订冬季试车方案，落实防冻措施。

⑩ 投料试车合格后，应编制试车总结，及时消除试车中暴露的缺陷和隐患，逐步达到满负荷试车，为生产考核创造条件。

（3）投料试车应达到下列标准

① 试车主要控制点正点到达，连续运行产出合格产品。

② 不发生重大设备、操作、火灾、爆炸、人身伤害、环保等事故。

③ 安全、环保、消防和职业卫生做到“三同时”，监测指标符合标准。

④ 生产出合格产品后连续运行 72 小时以上。

⑤ 做好物料平衡，控制好试车成本。

2. 长周期运行

投料试车结束后，煤制油化工装置进入提高生产负荷和产品质量、考验长周期安全稳定运行性能的阶段。建设(生产)单位应逐步加大系统负荷、提高装置产能、降低原料消耗、优化工艺操作指标，对各类安全设施进行长周期运行考验，发现和整改存在的问题，以实现装置安全平稳运行、产品优质高产、工艺指标最佳、操作调节定量、现场环境舒适、经济效益最大的目标。

（1）保证化工装置长周期运行应采取的主要本质安全措施

① 对化工装置工艺指标做进一步测试、核实、修正与定值，使之符合化工装置实际运行工况要求。

② 根据化工装置运行情况，编制化工装置消缺、检修、改造方案，进行设备优化，消除安全隐患。

③ 自动控制系统全部投用，考察其适用性、灵敏性和安全性。

④ 保证公用工程的总体平衡，满足化工装置在不同生产负荷下长周期安全稳定运行的需要。

（2）化工装置长周期运行考验应注意的本质安全事项

① 装置的生产负荷应按照低负荷、中负荷、高负荷三个阶段进行稳定运行考验，每个阶段达不到稳定运行要求，不得进入下一个阶段。

② 每一个负荷阶段均要做好进入下一个负荷阶段的设备、工艺和公用工程分析，采取

措施，提前消除影响化工装置稳定运行的瓶颈，做好负荷调整准备。

③ 每一个负荷阶段的安全运行条件均要进行严格细致的检查、分析，查找存在的不安全因素，采取措施彻底消除，并做好记录。

④ 化工装置运行期间调节幅度不宜过大，应逐渐找到系统稳定的最佳工况，同时探求系统增加负荷的瓶颈，为系统优化提供依据。

3. 生产考核

（1）生产考核前的本质安全准备工作

① 组成以建设(生产)单位为主，科研、设计、施工等单位参加的生产考核工作组，编制考核方案，制订考核工作计划。

② 研究和熟悉考核资料，确定计算公式、基础数据。

③ 查找可能影响考核正常进行的因素。

④ 会同设计部门和设备、仪表提供商等单位，校正考核所需的计量仪表和分析仪器。

⑥ 准备好考核记录表格。

（2）生产考核应具备的本质安全条件

① 生产考核应在化工投料试车已完成，化工装置满负荷持续稳定运行。

② 满负荷试车条件下暴露出的问题已解决，各项工艺指标调整后处于稳定状态，影响生产考核的问题已经解决。

③ 生产运行安全、稳定，备用设备处于良好待用状态。

④ 全部自动控制仪表、在线分析仪表和联锁已投入使用。

⑤ 分析化验的采样点、分析频次及方法已经确认。

⑥ 原料、燃料、化学药品、润滑油(脂)、备品配件等质量符合设计要求，储备量能满足考核需要。

⑦ 公用工程及辅助设施运行稳定并能满足生产考核的要求。

⑧ 上、下游装置的物料衔接已落实，产品、副产品等包装合格，运输渠道已畅通。

4. 竣工验收后的本质安全管理

（1）生产考核结束后，建设(生产)单位应对生产考核的原始记录进行整理、归纳、分析，编写生产考核总结报告，留存备案，作为项目竣工验收的重要依据。

（2）在最终检验和试验合格后，应对建筑产品采取防护措施。

（3）煤制油化工基本建设工程项目竣工后，应编制符合文明施工和环境保护要求的撤场计划，主要包括撤离设备和人员的安全技术措施。

第二节 检查和纠正

在煤制油化工基本建设项目全过程中，对本质安全管理体系的建立及运行要进行检查和纠正。

一、检查和纠正的原则要求

（1）通过对可能产生健康、安全与环境影响的活动、运行中的关键特性以及运行绩效进行测量和监视，保证健康、安全和环境管理绩效持续改进。

（2）通过对适用法律法规及其他要求的遵守情况进行评价，确保满足法律法规和其他要求下开展各项活动，以履行对遵守健康、安全与环境法律、法规及其他要求的承诺。

（3）为不断提高健康、安全与环境绩效，控制健康、安全与环境运行的不符合，持续改善管理绩效，并采取纠正措施和预防措施，防止不符合发生或重复发生。

（4）记录是为体系有效运行提供客观证据，是采取纠正措施、预防措施和改进体系提供依据，应对记录的标识、储存、保管、查阅、保存期、处置等方面进行控制。

二、不符合的控制

（1）各分(子)公司应根据体系内审、管理评审和平时监测发现的不符合，确定责任部门，由责任部门组织分析原因，制定并实施纠正和纠正措施，减少因不符合而产生的风险和影响，避免再次发生。

（2）对潜在的不符合，确定整改主责部门，由主责部门组织分析原因，制定和实施预防措施。

（3）责任专业部门负责不符合的原因调查并予以处理，采取措施减少因不符合而产生的风险和影响。

（4）主责部门负责对不符合处置情况(结果)进行验证。

（5）根据对不符合的分析，找出系统性原因，完善制度、规程和标准。

三、纠正措施与预防措施及不符合处置

在煤制油化工基本建设全过程中，不断提高健康、安全与环境绩效，控制健康、安全与环境运行的不符合，持续改善管理绩效，并采取纠正措施和预防措施，防止不符合发生或重复发生。要对体系运行过程中出现的不符合和潜在不符合进行原因分析，制定纠正措施和预防措施，并组织实施、验证。项目部负责针对项目不符合采取纠正措施和预防措施的实施。

（一）纠正措施

1. 纠正措施的需求识别

在煤制油化工基本建设本质安全管理体系运行中，出现下列情况应确定采取纠正措施：

（1）内部、外部审核所发生的不符合项。

（2）出现严重不符合时。

（3）目标指标未达到规定要求时。

（4）发生同类不符合数量较多，使管理体系要求未能有效实施时。

（5）发生顾客及其他相关方重大投诉或政府要求时。

（6）发生生产安全事故及重大环境事故时。

2. 纠正措施的制定和实施

（1）内部审核发现的不符合项，由受审核单位调查分析，制定、实施和验证纠正措施，填写验证记录。

（2）外审发现的不符合项，由受审核单位调查分析，确定不符合的原因，制订纠正措施计划，经公司安委会审批后实施。相关部门/单位应按规定的时间完成计划，将有关见证资料汇总整理并报公司安委会。

（3）项目出现职业健康安全事件或环境控制发生重大问题时，公司安全管理部门应组织分析原因，制定纠正措施，经分管生产副总经理批准后组织实施，并进行监督和验证，并填写验证记录。

（4）当监督检查发现职业健康安全管理、环境管理的各项目标指标未达到规定要求时，相关责任部门、单位应组织分析原因，制定、实施纠正措施，并对实施的效果进行跟踪验证，并填写验证记录表。

（5）对于拟定的涉及职业健康安全方面的纠正措施，应在实施前，应由同级的安全管理部门组织进行风险评价、对纠正措施进行评审，防止造成新的危害。

（6）纠正措施的责任验证部门应评审纠正措施的有效性。若采取的纠正措施经严格实施后未达到预期目的，应组织对纠正措施进行修改或制订新的纠正措施。

（二）预防措施

1. 预防措施的需求识别

在煤制油化工基本建设本质安全管理体系运行中，出现下列情况应确定采取预防措施：

（1）内部、外部审核提出的意见和建议。

（2）项目的安全管理难点。

（3）危险性较大的分部分项工程。

（4）施工现场五大伤害。

（5）目标指标出现偏离倾向时。

（6）相关方或政府提出要求时。

2. 预防措施的制定和实施

（1）内部审核提出的改进意见和建议，由受审核单位体系负责人组织识别分析，确定是否需采取预防措施。

（2）外部审核提出的改进意见，由受审核单位体系负责人组织分析，确定是否需采取预防措施；需要时，组织相关人员分析原因，制定措施，并组织实施和跟踪验证。

（3）对于拟定的涉及职业健康安全方面的预防措施，在实施前，应由同级安全管理部门组织进行风险评价、对纠正措施进行评审，防止造成新的危害。

（4）预防措施实施过程中，相关责任部门应及时组织进行验证和评价，发现问题及时调整，以保持预防措施的有效性。

（5）预防措施应做好记录。

（三）不符合的处置

（1）预防措施的制定和实施各级检查（包括项目自检）发现不符合情况时，应下达书面整改通知单，规定完成期限和验证人，由验证人对整改情况进行验证。

（2）当不符合行为情节较为严重时，除下达整改通知单外，还应同时出具处罚通知，处罚的准则按公司有关规定执行。

（3）法律、法规、标准、规范的变更引起的不符合，由公司安全管理部门和公司主管安全的领导负责重新识别，更新有关法律法规清单，并将有关信息传达到相关人员及相关方，由相关人员及相关方按要求予以纠正，并填写纠正措施记录。

（4）项目安全主管人员负责收集汇总职业健康安全事故、事件与不符合的信息，每月进行一次数据分析，确定采取纠正和预防措施的需求，并上报公司主管安全领导、公司安全管理部门。

（5）各相关部门应收集汇总本业务系统事故、事件与不符合的信息，每季度进行一次数据分析，以确定采取纠正和预防措施的需求。

四、事故处理

（1）为有效实施事故处理及应急救援，成立事故应急处理及救援领导小组，负责领导应急处理及救援工作。由应急处理及救援领导小组组成事故处理及救援指挥部，负责组织实施应急处理及救援工作。

（2）针对可能发生的事故制定相应的应急救援预案，根据事故的性质，按照事故应急处理预案规定的程序启动相应的应急响应程序，准备应急救援物资，进行事故处置，尽可能防止事故扩大，降低事故损失。

（3）根据实际情况定期演练应急救援预案。对不能进行演练的应急预案，应通过培训、交流等方式将应急预案传达到有关人员。

（4）按照规定的事件报告、调查和处理程序要求，上报、调查和处理事故。

（5）按照“三不放过”的原则，处理事故，防止类似事故再次发生。

（6）在演练后或事故发生后，对应急救援预案的实际效果进行评价，必要时进行修订。

五、持续改进

（1）为确保煤制油化工基本建设项目本质安全管理体系运行的符合性和有效性，应根据体系运行、检查情况，持续改进管理体系。

（2）应按照策划的时间间隔，对内部体系进行审核，找出管理体系存在的系统性问题，制定整改措施，加以改进。

（3）应对煤制油化工基本建设项目本质安全管理体系在项目设计及施工各阶段的适宜

性、充分性、有效性及时组织评估，并编制阶段性本质安全管理体系评估报告。

（4）本质安全管理体系评估报告的内容应包括：

① 安全目标的实现情况、重大危险源和重大环境因素的控制状况；

② 本质安全管理体系的自我完善机制的运行情况；

③ 从业人员遵纪守法和安全意识的提高情况；

④ 建立、实施和改进本质安全管理体系的经验和做法；

⑤为确保本质安全管理体系持续的适宜性、充分性和有效性，需要对安全目标以及本质安全管理体系进行改进的要求和措施。

第五章
煤制油化工基本建设本质安全体系考核评价与改进

煤制油化工基本建设本质安全管理体系考核与评价是为了检验体系在煤制油化工基本建设项目中的实际运行情况，找出体系在阶段运行中存在问题，并为下一周期体系运行提出有针对性的改进方案，提高煤制油化工基本建设的本质安全程度和安全管理水平，减少与控制煤制油化工基本建设中的危险、有害因素，降低煤制油化工基本建设的安全风险，预防事故发生，保护煤制油化工基本建设财产安全及人员的健康和生命安全。

一、管理评审一般要求

（一）评审内容要求

煤制油化工基本建设本质安全管理体系评审内容是根据体系内容来设定的，评审就是评价体系、检验体系在煤制油化工基本建设项目中实际运行情况，所以煤制油化工基本建设本质安全管理体系评审内容需要结合实际煤制油化工基本建设内容来制定。具体评审内容包括：

（1）评价煤制油化工基本建设的风险预控管理是否到位，风险管理中危险源辨识是否全面，危险源分类和评估方法是否正确，危险源信息检测是否及时，危险源预控措施是否全面，危险源产生风险预警方法是否正确，预警是否及时，预控是否得当。

（2）评价煤制油化工基本建设本质安全管理中组织管理体系是否完善，包括相关机构设置是否完善，激励奖惩制度是否全面，管理运行体系是否闭环，岗位职责是否明确，监督机制是否完善健全，煤制油化工基本建设文化是否体现本质安全思想，煤制油化工基本建设文化管理是否到位，煤制油化工基本建设本质安全管理监督是否到位。

（3）评价煤制油化工基本建设本质安全管理人的不安全行为管理是否准确到位，包括人的不安全行为产生机理分析是否合理，人的不安全行为控制管理手段是否合理有效。

（4）评价煤制油化工基本建设本质安全管理生产系统安全要素管理是否管理到位，要素是否全面，是否管住，管理措施是否科学合理。

（5）评价煤制油化工基本建设本质安全管理辅助环节是否跟上，包括煤制油化工基本建设事故救援系统是否完善，应急和事故管理是否科学，职业健康系统是否完善，煤制油化工基本建设环境是否达到本质安全要求等。

（二）评审要求

（1）对本质安全管理体系进行定期评审，以确保体系持续的适宜性、充分性和有效性，并改进管理体系。

（2）每年至少进行一次管理评审，时间间隔不超过12个月，以确保其持续适宜性、有效性和充分性。评审应包括评价体系改进的机会和变更的需要，以及方针和目标的落实情况等。

（3）管理评审的输出结果应形成文件，包括下列方面：

① 管理体系及其有效性的改进；

② 持续发展所需的资源投入；

③ 管理评审会议确定的有关健康、安全、环境的事项；

④ 目标可能的修订；

⑤ 针对客观环境的变化提出的改进措施。

⑥ 对HSE管理体系的持续适宜性、充分性和有效性做出评审结论，并形成管理评审报告。

（4）分(子)公司对实施情况进行跟踪及效果的验证，并保存评审记录。

二、考核评价原则、内容及流程

（一）考核评价的依据

①《公司本质安全生产绩效考核评价体系实施管理办法》；

②《公司安环职防考核管理规定》；

③《公司本质安全生产绩效考核评价体系实施管理办法》；

④《公司工程管理绩效考核评价办法》；

⑤ 本管理体系相关要求。

（二）考核评价的原则

（1）在煤制油化工基本建设的全过程通过对本质安全管理体系的日常检查、管理审核、管理评审等活动，检查本质安全管理体系的符合性、适宜性、有效性和充分性，及时发现存在的问题，实施纠正预防措施，完善和改进本质安全管理体系；

（2）基本建设本质安全管理考核评价以工程本质安全管理体系要素为框架，尽量采用量化考核的方法，是验证与评价工程本质安全管理效果的重要依据，也是体系持续改进的依据；

（3）每年度至少对体系全要素进行一次考核评价，形成考核评价报告及体系改进建议。

（三）考核评价要素和内容

考核评价标准共分10个方面、80余个要素，满分100分，具体见表5-1。

表5－1　体系要素考核评价表

序号	要素	考核内容	标准分值	自评分	评价分
1	方针目标	体系目标实现	5		
		符合相关法律法规的要求			
		符合集团的规定			
		符合公司的规章制度			
		体系方针贯彻落实情况			
2	组织职责	建立本质安全管理组织机构	10		
		职责、分工明确			
		项目安全管理部门和专职安全人员配置与管理任务相适应			
		安全责任落实到项目建设相关方			
		安全管理协调机制情况			
		有活动实施计划			
3	规章制度	项目上适用的有效版本文件清单	5		
		项目相关方执行相关管理制度情况			
		有安全风险金抵押制度、安全教育和培训制度、安全监督和检查制度、安全会议制度等			
		定期组织评审、修订和更新制度			
4	风险预控	对风险分类、分级管理	20		
		业主购买保险（工程一切险附带第三方责任险、雇主责任险、货物运输险）			
		承包商购买保险（施工人员意外伤害险、施工机具险、机动车辆险、货物运输险）；分包商保险			
		项目上确定出重大风险（重大危险源），建立重大风险源台账，实施动态化管理			
		风险管理责任分解落实情况			
		项目经理组织风险评价			
		项目实施各个阶段开展风险识别和分析			
		适于项目的风险识别和评估方法			
		建立风险预警和报告			
		针对风险制定管控措施			
		项目相关方风险管控情况			
		设计阶段HAZOP分析开展情况			
		对重大危险性施工技术方案组织专家论证			
		农民工工资保证金			

续表

序号	要素	考核内容	标准分值	自评分	评价分
5	安全教育培训	安全教育、培训计划	5		
		入场人员安全教育培训合格率			
		教育、培训效果的检查			
		对项目相关方入场人员的教育培训			
		相关记录与台账			
		有关安全主题活动情况			
6	过程管理	安全合规性管理	25		
		项目本质安全管理策划			
		项目各阶段安全设计文件审查			
		项目各阶段安全措施设计			
		项目安全设计变更控制			
		与项目承包商的安全管理协议签署			
		对项目相关方安全投入的监督管理			
		高风险作业安全管理(方案审查、安全交底、条件确认、作业许可)			
		场内交通管理			
		门禁管理			
		治安管理			
		承包商生活区管理			
		个人安全防护用品配置			
		安全警示标语			
		对特种作业人员的管理情况			
		特种设备及安全附件的安装、监检、注册管理情况			
		“三同时”设施的验收管理			
		现场文明施工管理情况			
		定期或不定期开展安全专项检查和隐患排查			
		对隐患问题及时整改			
		对隐患整改闭环管理			
		项目相关方隐患问题整改			
		安全生产管理机构及人员设置			
		建立安全生产责任制及管理制度			
		试车周边环境安全调查			
		“三查四定”的执行及落实			
		投料试车前安全设施投用情况			
		投料试车前安全条件检查			
		投料试车方案及总结中安全部分编制			
		生产考核方案及总结中安全部分编制			
		竣工验收报告安全部分编制			
		竣工后对建筑产品采取防护措施			
		竣工后编制撤场计划			

续表

序号	要素	考核内容	标准分值	自评分	评价分
7	资源保障	安全设施投入	10		
		安全专项资金投入			
		项目相关方安全措施投入			
		特种作业人员数量、素质			
		安全防护用品的配备			
		安全管理信息化			
8	应急管理	应急组织建立	5		
		应急职责			
		应急物资准备、物资台账			
		应急器材完好率			
		应急预案			
		应急演练			
		与项目相关方的衔接			
9	事故管理	发生事故情况	5		
		执行规定的事故报告程序			
		按“四不放过”原则处理事故			
		建立事故记录台账			
		事故通报、管理总结			
10	考核评价	开展阶段性自评及年度自评	5		
		上级的考评结果			
		对考评的总结、提高			
		体系持续改进建议			
11		（合计）	100		

（四）评价流程

煤制油化工基本建设本质安全管理体系评价流程是确定评价的过程步骤。煤制油化工基本建设本质安全评价程序一般包括：前期准备；危险、有害因素识别与分析；划分评价单元；现场安全调查；定性、定量评价；提出安全对策措施及建议；做出安全评价结论；编制安全评价报告等。

1. 前期准备

明确煤制油化工基本建设本质安全评价对象和范围，进行煤制油化工基本建设现场调查，初步了解煤制油化工基本建设本质安全管理状况，收集国内外相关法律法规、技术标准及与评价对象相关的煤制油化工基本建设行业数据资料。

2. 分析危险源

根据煤制油化工基本建设全过程、周边环境及水文地质条件、组织机构和日常管理等特点，识别和分析设计、建设及生产过程中的危险、有害因素。

3. 划分评价单元

对于煤制油化工基本建设本质安全管理评价体系，可以按表 5－1－1 划分评价单元。

评价单元应相对独立，便于进行危险、有害因素识别和危险度评价，且具有明显的特征界限。

4. 现场安全调查

针对煤制油化工基本建设的特点，对照煤制油化工基本建设本质安全管理体系要素和煤制油化工基本建设本质安全管理评价体系，采用安全检查表或其他系统安全评价方法，对煤制油化工基本建设的各设计、建设、生产系统及其工艺、场所和设施、设备、环境、人员、制度等进行安全调查。

在煤制油化工基本建设本质安全综合评价中，通过现场安全调查应明确：

（1）煤制油化工基本建设项目的设计、采购、施工、生产等是否符合国家相关准入制度；

（2）安全管理机制、安全管理制度等是否适合本质安全生产，形成了适应于煤制油化工基本建设特点的本质安全管理模式；

（3）本质安全管理制度、安全投入、安全管理机构及其人员配置是否满足本质安全生产的要求；

（4）生产系统、辅助系统及其工艺、设施和设备等是否满足本质安全生产的要求；

（5）可能引起火灾、爆炸等灾害、机械伤害、电气伤害及其他危险、有害因素是否得到了有效控制；

（6）明确通风、排水、供电、提升运输、应急救援、通讯、监测、抽放、综合防突等系统及其他辅助系统是否完善并可靠；

（7）说明各安全生产系统、施工工艺等是否合理；

（8）本质安全管理应急预案和防范措施是否全面；

（9）不满足本质安全生产或不适应煤制油化工基本建设安全生产的事故隐患有哪些。

5. 定性、定量评价

选择科学、合理、适用的定性、定量评价方法，对可能引发事故的危险、有害因素进行定性、定量评价，给出引起事故发生的致因因素、影响因素及其危险度，为制定安全对策、措施提供科学依据。

6. 提出安全对策措施及建议

根据现场本质安全检查和定性、定量评价的结果，对那些违反本质安全生产的行为、制度、安全管理机构设置和安全管理人员配置，以及不符合本质安全生产技术标准的工艺、场所、设施和设备等，提出安全改进措施及建议；对那些可能导致重大事故发生或容易导致事故发生的危险、有害因素提出安全技术措施、安全管理措施及建议。

7. 做出安全评价结论

通过煤制油化工基本建设本质安全评价，明确给出煤制油化工基本建设本质安全管理建设等级，找出影响煤制油化工基本建设本质安全管理的或存在主要问题的危险、有害因素，指出应重点防范的重大危险、有害因素，明确重要的安全对策措施。

8. 编制本质安全评价报告

煤制油化工基本建设本质安全评价报告是煤制油化工基本建设本质安全评价过程的记录，应将安全评价对象、安全评价过程、采用的安全评价方法、获得的安全评价结果、提出的安全对策措施及建议等写入安全评价报告。

煤制油化工基本建设安全评价报告应满足下列要求：

（1）真实描述煤制油化工基本建设本质安全评价的过程；

（2）能够反映出参加煤制油化工基本建设本质安全评价的安全评价机构和其他单位、参加安全评价的人员、安全评价报告完成的时间；

（3）简要描述煤制油化工基本建设本质安全评价内容或煤制油化工基本建设设计、建设、生产及管理状况；

（4）阐明安全对策措施及安全评价结果。

三、体系改进

（1）基建本安体系建设是一个不断完善和持续改进的过程，伴随着公司管理的不断精细化和水平的提高，以及项目地点、特点的多样性，其管理风险和管理难点也在变化，因此做好风险识别分析和预控是一个工程项目成功的前提，危险源识别分析必须是动态化的。

（2）应针对项目建设过程中出现的新问题、新情况，在总结经验和教训的基础上，对管理制度和管理措施进行完善。

（3）每年由体系领导小组组织对体系各项文件、文本开展一次集中修订，保证体系内容的准确和适用，使体系持续得到改进。

第六章 企业本质安全文化建设

第一节 安全文化概念

一、安全文化的内涵

文化的概念泛指"人类活动所创造的精神、物质的总和"，安全文化是安全价值观和安全行为准则的总和。安全价值观是安全文化的核心，安全行为是实现安全价值的支撑。安全不仅包括生产安全，还包括相关的生活领域。

文化的概念不仅包含了观念文化、行为文化、管理文化等人文方面，还包括物态文化、环境文化等硬件方面。因此，安全文化是人类安全活动所创造的安全生产、安全生活的精神、观念、行为与物态的总和。

二、企业安全文化的概念

安全文化是指为绝大部分员工所接受的安全价值观、安全信念、安全行为准则、安全行为方式以及安全生产物质表现的总称。安全文化由三个层次不同的部分组成。一是核心层，指价值观、信念及行为准则，通常称为安全生产精神，体现在安全生产宗旨、方针、目标、计划和体制等方面；二是中间层，指员工工作方式、应对事故的方式等行为状态和习惯，通常称为安全生产作风；三是外围层，指物质形态的安全生产设施、安全生产劳动保护用品、员工作业环境等，通常称为安全生产形象。

安全文化是企业长期安全生产实践中的沉淀，是企业员工内在的思想与外在的行动和物质表现的统一。

三、本质安全文化

本质安全最初用于电气和设备的安全设计，主要是指通过本身构造的设计，防止电火花的产生，避免引起火灾或爆炸，即设备自身本质上的安全。

企业本质安全是将设备本质安全内涵的扩大，既包括设备或系统构造的本质安全设计，也包括在一定技术经济条件下，企业运行具有相当的安全可靠性，具有完善的预防和保护功能，具有良好的安全管理文化，以及科学的安全管理体系，使安全风险降低到规定的目标或可接受的程度。

本质安全文化是以风险预控为核心，体现“安全第一，预防为主，综合治理”的精神，并为广大员工所接受的安全生产价值观、安全生产信念、安全生产行为准则以及安全生产行为方式与安全生产物质表现的总称。实现本质安全是企业安全生产不断追求的目标。

企业本质安全文化体现了“人—机—环—管”的系统安全观，符合现代企业特点，全面包含物质文化、精神文化、制度文化这三个层次文化内容，是安全文化的较高境界。是通过追求人、物、系统、制度安全的和谐统一，实现系统无缺陷、管理无漏洞、设备零缺陷、不发生已知规律安全事故的企业长久安全目标的安全理念、制度和行为习惯。

第二节 企业本质安全文化的建设

一、企业本质安全文化建设目标

（一）“安全第一，预防为主”

通过本质安全文化建设真正落实“安全第一，预防为主”的安全生产方针，变“要我安全”为“我要安全”、“我会安全”，形成一个“我想安全、我要安全、我会安全、我能安全”的良好氛围和“不能违章、不敢违章、不想违章、不会违章”的自我管理和自我约束机制。

（二）有特色的安全意识形态

通过本质安全文化建设，逐步形成完善的企业安全管理的体系及保障体系，建成具有煤制油化工基建管理特色的安全意识形态，使全员树立遵章守纪的法制安全和意识，从而指导企业的安全生产，为企业的可持续发展提供保障。

（三）和谐的安全人文氛围

提高企业全员的安全素质，通过创造一种良好的安全人文氛围和协调的人、机、环、管关系，对人的观念、意识，态度、行为等形成从无形到有形的影响，从而对人的不安全行为产生控制作用，以达到减少人为事故的效果。

二、本质安全文化建设内容

（一）建立安全生产长效机制

本质安全文化建设的出发点体现了“以人为本”，“以关心人、爱护人、尊重人，珍惜生命”，提高全员安全文化素质为核心；以安全宣传、安全教育、安全管理为手段，贯穿于生产经营全过程，形成安全生产的长效机制。

（二）以文化的力量保障企业安全生产和发展

将企业安全理念和安全价值观表现在决策者、管理者和基层员工的态度及行动中，落实在企业的管理制度中，将安全管理融入企业整个管理的实践中，将安全法规、制度落实在决策者、管理者和基层员工的行为方式中，将安全标准落实在工程建设的全过程中，构成良好的安全生产氛围，通过安全文化的建设，影响企业各级管理人员和基层员工的安全生产自觉性，以文化的力量保障企业安全生产和发展。

（三）重视外在因素和物态条件

安全文化建设除了关注企业中人的知识，技能、意识、思想、观念、态度、道德、伦理、情感等内在素质外，还重视人的行为、安全装置、技术工艺、生产设施和设备、工具材料、环境等外在因素和物态条件。

三、建立企业本质安全文化的原则

（一）“以人为本，生命价值高于一切”的原则

在安全生产系统中，人是最为重要的元素。我们讲安全的最高要求是要切实保障人的生命安全，而要使人的安全切实得到保障，生命价值必然是安全文化理念的核心，即倡导热爱生命、珍惜生命、保护生命、尊重生命、提高生命的质量。

（二）“一切事故是可以预防”的原则

在很多情况下，是人的行为而不是工作场所的特点决定了伤害的发生，正因为所有的事故都是在生产过程中通过人对物的行为所发生的，人的行为可以通过安全理念加以控制，抓事故预防就是抓人的管理，抓员工的意识（包括管理者的意识），抓员工的参与，杜绝各种各样的不安全行为。

加大资金投入，落实安全专款专用，切实增强科技保障能力，增强信息化能力，有效防范事故的发生。

（三）落实安全责任制

各级管理层对各自的安全负责。各级领导一级对一级负责，在遵守安全原则的基础上，尽一切努力达到安全目标。安全管理的触角涉及企业的各个层面，做到层层对各自的安全管理范围负责，每个层面都有人管理，每个员工都要对其自身的安全和周围工友的安全负责，每个决策者、管理者乃至小组长对下属员工的安全都负有直接的责任。

按照“谁主管、谁负责；谁雇佣、谁负责”的原则，对承包商进行管理、监督和考核。项目实施相关单位认真做好承包商资格审查和日常管理，落实安全责任，防范承包商事故的发生。

（四）以反“三违”为重点

不能容忍任何偏离安全制度和规范的行为，企业的每一名员工都必须坚持遵守安全标

准、规范，遵守安全制度，这是对各级管理者和员工的共同要求。每一名员工都有制止和纠正“三违”行为的责任和义务。

（五）宣传与教育并重

通过多种形式的宣传、教育和培训，使员工融入企业本质安全文化，认同企业安全文化，同时项目管理单位有责任监督承包商的安全教育情况。

附　　件

附件1　施工过程常见“人”的不安全行为

序号	行为描述	频次		风险等级					备注
		高	低	特大	重大	中等	一般	较低	
1	作业前不进行技术交底和安全交底		√		√				
2	新工艺、新技术或新材料应用，施工前不进行设计交底		√		√				
3	施工方案不按规定审批，开始施工		√		√				
4	特种作业人员不具有相应个人“资格”		√		√				
5	不严格按照批准的技术(措施)方案施工	√			√				
6	作业前危险源辨识不彻底，未制定安全防护措施	√				√			
7	不执行规定的操作规程，违章操作或违章指挥，或野蛮施工	√			√				
8	危险性大的作业无安全监护人员或不认真监护	√			√				
9	个人安全防护用品配置不足或安全防护使用不正确	√				√			
10	施工区域混乱，通道不畅，货物码放不牢固	√				√			
11	高处作业无作业平台，或无系挂安全带的生命线，无安全网	√			√				
12	危险区域不设置警戒线或围挡，无警示标志		√		√				
13	工人身体状况或精神状况欠佳，不适宜施工作业时，仍安排作业		√			√			
14	安排工人连续加班、疲劳作业		√			√			
15	机械设备安全防护装置失效或擅自解除安全防护装置		√		√				
16	夜间作业或受限空间作业照明不足，无局部照明	√			√				
17	受限空间作业通风条件不佳，不符合安全要求，冒然作业	√			√				
18	临时用电不定期检查和试验，或漏电保护、重复接地等不合格；不执行“一机、一闸、一保护”	√			√				
19	金属容器内施工作业时，不使用安全电压		√		√				
20	有毒作业时，不佩戴及正确使用长管式呼吸器		√		√				
21	受限空间作业，容器与生产系统不能可靠隔离		√	√					
22	进入受限空间作业不按规定分析氧气含量和有害气体		√	√					
23	动火、动土、探伤等作业前，不按规定程序办理有关作业票		√		√				

续表

序号	行为描述	频次		风险等级					备注
		高	低	特大	重大	中等	一般	较低	
24	现场车辆超速行驶，超载行驶，或不遵守有关行车规定	√				√			
25	货物运输绑扎不牢固，野蛮装卸货物	√			√				
26	挖土作业不按规定放坡，或边坡支护不当	√			√				
27	起重作业时，人员站在吊臂或重物下方	√			√				
28	非起重工指挥起重作业，违章指挥	√			√				
29	挖土机作业时，人员进入挖土机作业半径内		√		√				
30	设备吊装就位后，不立即固定牢固设备		√		√				
31	转动设备试车擅自拆除防护罩，不设置警戒区域		√		√				
32	设备或管道试压、吹扫，不设置警戒区域，无关人员擅自进入危险区域		√		√				
33	试压系统不设置安全阀，或安全阀定压值过高		√		√				
34	设备或管道系统试压时，升压速度过快		√		√				
35	射线探伤不设置警戒线，无人值守		√		√				
36	氧气瓶和乙炔瓶混装，不分开存放，或使用间距不够，或无防晒措施	√			√				
37	模板、脚手架拆除作业警戒区设置不当，野蛮拆卸及监护不力	√			√				
38	不合理安排交叉作业，相邻作业区域无隔离防护措施	√			√				
39	施工(预制)区域存放过多可燃材料，或配置消防器材数量不够	√			√				
40	施工(预制)区域垃圾不能及时清理，障碍物造成通道不畅		√				√		
41	施工(预制)区域空间狭小，人员过于密集、交叉施工		√			√			
42	设备或管道带压紧固螺栓、补焊和修理		√		√				
43	不良环境条件下施工，如大风、下雨或下雪时吊装作业		√		√				
44	模板或平台上，堆放材料不均匀，造成局部超设计荷载		√		√				
45	高压线下方进行危险施工作业，不采取可靠的安全防护措施	√			√				
46	电工、电焊工、砼振捣工不穿绝缘鞋、不戴绝缘手套进行带电作业		√		√				

附件2　施工过程重大危险源分析评价表

序号	作业活动	危险或危害因素(人、机、环、管)	可能导致的事故	作业危险评价				危险级别	控制措施	备注
				L	E	C	D			
1	劳动保护	进入施工区域不戴安全帽、高处作业不正确系挂安全带，存在有毒、窒息性环境作业不佩戴防护用品	各种伤害	6	6	5	180	二级	教育、培训，监督、检查、处罚	
2	土方开挖	深基坑不放坡、掏挖、反坡开挖 堆土方距基坑过近	坍塌	6	6	5	180	二级	停工整改	
		在生产区域有毒有害气体可能积聚处开挖基坑	中毒窒息/火灾爆炸	6	6	7	252	二级	办理动土作业票，定期检测	
3	桩机挖孔	在生产区域有毒有害气体积聚处作业	中毒窒息	6	6	7	252	二级	办理动土作业票，定期检测，通风措施	
4	模板	模板上施工荷载超过规定或堆料不均匀	坍塌	6	6	5	180	二级	执行安全规程，现场检查控制	
		模板支护不牢固	坍塌	6	6	5	180	二级	加强检查，确认合格后签署混凝土浇筑令	
5	钢筋制安	预应力张拉	物体打击	6	6	5	180	二级	张拉钢筋两端严禁站人，设置警戒区，加强监管	
		钢筋加工机械安全防护附件存在缺陷	机械伤害	6	6	5	180	二级	高速转动部位必须装防护罩，安全限位开关应保持良好	
6	脚手架搭拆	使用不合格的钢管、扣件	坍塌/高处坠落	6	6	5	180	二级	查验合格证，抽样检查，杜绝不合格品进入场内	
		架体与建筑物未按规定拉结或拉结后不符合设计要求	倒塌/高处坠落	6	6	5	180	二级	按规范和施工方案施工，脚手架验收合格方准许使用	
		立杆、大横杆、小横杆间距超过规定要求	倒塌/高处坠落	6	10	3	180	二级	检查、验收，按规定整改合格	
		不按规定安装集料平台	物体打击	3	6	15	270	二级	增加集料平台，验收合格后准许使用	

续表

序号	作业活动	危险或危害因素(人、机、环、管)	可能导致的事故	作业危险评价				危险级别	控制措施	备注
				L	E	C	D			
7	工具式脚手架	脚手架荷载超过设计规定	物体打击/坍塌	6	6	5	180	二级	卸载部分材料，严格不超过设计荷载	
		脚手架荷载堆放不均匀	坍塌/物体打击	6	6	5	180	二级	卸载部分材料或均布荷载	
8	龙门架安装	架体制作不符合设计要求和规范	倒塌/机械伤害	6	6	5	180	二级	严格按设计和规范要求安装，验收合格准许使用	
9	施工电梯安拆	拆安装队伍没有相应资质证书	机械伤害高处坠落	3	6	15	270	二级	停止施工，委托有相应资质的队伍施工	
10	塔式起重机	地基不坚实，道轨不平直，轨距偏差大	起重伤害	10	1	40	400	一级	加强检查验收，验收合格方准许使用	
		无资质和不按规程进行安装	起重伤害	6	1	40	240	二级	停止施工，另行委托有相应资质的队伍施工	
		大雾或6级以上大风天气作业	起重伤害	6	2	15	180	二级	停止作业	
11	钢结构制安	柱与柱间未设生命绳，高处作业走单梁或脚踏未固定平台	高空坠落	6	3	15	270	二级	停止作业，教育培训，处罚	
		在生产区域作业有毒有害气体积聚	中毒窒息/火灾爆炸	6	6	7	252	二级	办理动火作业票，定期检查、化验分析	
12	设备制安	在生产区域作业有毒有害气体积聚	中毒窒息/火灾爆炸	6	6	7	252	二级	办理动火作业票，定期化验分析	
13	管道安装	管道高处作业无平台和通道，也无生命绳	高处坠落	6	3	15	270	二级	停止作业，增加安全设施	
		在生产区域管廊上作业钢管坠落砸损生产管线	火灾爆炸	6	6	7	252	二级	增加可靠防护措施，方准许施工	
		在生产区域作业有毒有害气体积聚	中毒窒息/火灾爆炸	6	6	7	252	二级	办理动火作业票，定期化验分析	

续表

序号	作业活动	危险或危害因素（人、机、环、管）	可能导致的事故	作业危险评价				危险级别	控制措施	备注
				L	E	C	D			
14	焊接	焊接与切割作业周围或下方有易燃易爆物	火灾/爆炸	6	3	15	270	二级	采取可靠放溅落措施，安排监护人员，配置消防器材	
		在装过易燃易爆、有毒有害密闭设备施焊	中毒/火灾/爆炸	6	3	15	270	二级	办理动火作业票，化验分析；安排监护人员，增加通风措施	
		在生产区域作业有毒有害气体积聚	中毒窒息/火灾爆炸	6	6	7	252	二级	办理动火作业票，定期化验分析	
15	起重	无吊装方案或吊装方案未经审批	起重伤害	6	3	15	180	二级	吊装方案未经审批，不允许吊装作业	
		地基不坚实，地耐力不足	起重伤害	6	3	15	180	二级	不允许作业，重新处理地基，符合安全要求	
		吊索捆绑不当	物体坠落	6	3	10	180	二级	不允许吊装，重新绑扎牢固	
		吊运物长时间空中停留且下方有人	起重伤害	6	6	5	180	二级	不允许作业，下方人员撤出，规范操作	
		恶劣天气风力≥6级，大雾，雨雪	起重伤害	6	2	15	180	二级	不允许作业	
		安全附件检查、保养不到位，导致失效	起重伤害	6	3	10	180	二级	检查安全附件有效性，如有问题不允许吊装	
		在生产区域吊车、吊件砸毁生产设备、管线	火灾爆炸	6	6	7	252	二级	采取可靠防护措施，方准许作业	
16	用火作业	设备、管道上动火前未经采样分析化验合格	火灾/爆炸	3	6	15	270	二级	按规定程序办理动火作业票	
		设备、管道上动火前未检查隔离盲板	火灾/爆炸	3	6	15	270	二级	不允许作业，必须在检查合格后再施工	
		设备、管道上动火前未熟悉系统工艺流程	火灾/爆炸/中毒	3	6	15	270	二级	不允许作业，熟悉流程，隔离无关系统	
		设备、管道上动火前未经清洁置换合格	火灾/爆炸	3	6	15	270	二级	不允许作业，必须置换并经化验分析合格	

续表

序号	作业活动	危险或危害因素(人、机、环、管)	可能导致的事故	作业危险评价				危险级别	控制措施	备注
				L	E	C	D			
16	用火作业	高空作业动火下部阴井、地沟、空洞未封盖等	火灾/爆炸	3	6	15	270	二级	不允许作业，必须封盖严密，方准许作业	
		地面动火点周围的阴井、地沟、空洞未封盖严	火灾/爆炸	3	6	15	270	二级	不允许作业，必须封盖严密，方准许作业	
		地面动火点周围的可燃物未清理	火灾/爆炸	3	6	15	270	二级	不允许作业，必须彻底清理干净可燃物	
		在生产、使用、贮存氧气的设备上动火，其含氧量超标	火灾/爆炸	3	6	15	270	二级	按规定程序办理动火作业票	
		地面动火点与易燃易爆区无隔离措施	火灾/爆炸	6	6	15	540	一级	不允许作业，必须采取隔离措施，按规定程序办理动火作业票	
17	受限空间作业	设备内可能存在有毒气体	中毒	3	6	15	270	二级	不允许作业，必须置换合格	
		设备内涂刷具有挥发性涂料	爆炸	3	6	15	270	二级	增加通风措施，化验分析，佩戴防毒用具	
		在可能存在有毒、可燃或窒息性气体的窨井或沟道内作业	中毒/爆炸/窒息	3	6	15	270	二级	增加通风措施，化验分析，佩戴防毒用具	
		在缺氧、有毒受限空间环境，未彻底隔离有关系统	中毒/窒息	3	6	15	270	二级	必须采取隔离措施，置换合格，按规定程序办理作业许可	
18	临时用电	开关箱无漏电保护器或漏电保护器失灵	触电	6	2	15	180	二级	不允许使用，必须配置漏电保护器，并处于有效，加强检查	
		在高压架空输电线下方或上方作业无保护措施	触电	3	4	15	180	二级	必须采取可靠保护措施，方准许施工作业	

续表

序号	作业活动	危险或危害因素（人、机、环、管）	可能导致的事故	作业危险评价				危险级别	控制措施	备注
				L	E	C	D			
19	临边洞口	直径或边长≥20cm洞口不按规定防护	高处坠落	3	6	15	270	二级	增加临边防护设施	
20	探伤	放射性同位素无专用安全库、无专人负责保管	职业病	6	6	5	180	二级	设置专业库房，专人保管，规范保管和发放	
		放射性同位素在使用期间丢失	职业病	6	6	10	360	一级	向当地公安机关报告，积极配合查找	
		射线作业危险区域无专人管理	职业病	6	6	10	360	一级	设置专人管理，加强检查	
21	试压	气压试验时，现场无围栏、警戒线、警告牌，气源输入端无安全阀	物理性爆炸	6	6	5	180	二级	严格执行有关规范、试压方案，加强检查	
		试压用临时法兰、盲板厚度不符合试压要求	物理性爆炸	6	6	5	180	二级	盲板厚度必须经计算，更换厚度不够的盲板	
		升压、降压速度过快	物理性爆炸	3	2	40	200	二级	按规定的升压速度升压，规范操作	
		带压进行紧固螺栓、补焊和修理	物理性爆炸	6	2	15	180	二级	必须在泄压后进行处理，规范操作	
22	防腐	设备、容器防腐衬里，通风不良，有粉尘或油气产生	火灾、爆炸	6	3	10	180	二级	可靠通风，化验分析，严格管理	
23	吹扫	管道吹扫无方案	其他	3	6	15	270	二级	吹扫方案经批准后方准许实施	

附件3 施工过程一般性危险源(危害因素)评价分析表

序号	作业活动	危害因素(人、物、环、管)			可能导致的事故	作业条件危险评价				危险级别	备注
						L	*E*	*C*	*D*		
1	劳动保护	1	进入现场不穿工作服	违章作业	各种伤害	6	6	2	72	三级	
		2	进入现场不穿防护鞋	违章作业	各种伤害	6	6	3	108	三级	
2	场地平整	1	平整机械有缺陷	设施缺陷	机械伤害	6	1	7	42	四级	
		2	临时用电和漏电保护设施缺陷	设施缺陷	触电	6	1	7	42	四级	
3	桩机挖孔	1	挖桩机机械有缺陷	设施缺陷	机械伤害	6	1	7	42	四级	
		2	临时用电和漏电保护设施缺陷	设施缺陷	触电	6	1	7	42	四级	
		3	护壁水池无防护	防护缺陷	淹溺	3	1	7	21	五级	
4	钢筋加工	1	作业人员未按操作规程操作	违章作业	机械伤害	6	6	3	108	三级	
		2	电气设施不规范或不合格	防护缺陷	触电	6	6	3	108	三级	
		3	无漏电保护设施	防护缺陷	触电	3	3	3	27	五级	
		4	设备无防雨设施	防护缺陷	触电	3	6	3	54	四级	
		5	钢筋加工机械无防护装置	防护缺陷	机械伤害	6	6	3	108	三级	
		6	作业人员操作失误	操作失误	机械伤害	3	2	3	18	五级	
5	下钢筋笼	1	运输车辆有缺陷	设施缺陷	机械伤害	6	1	7	42	四级	
		2	吊装设备有缺陷	设施缺陷	机械伤害	6	1	7	42	四级	
		3	吊装作业有失误	违章作业	起重伤害	6	6	3	108	三级	
6	基坑降水	1	降水机具无漏电保护装置	管理缺陷	触电	3	6	3	54	四级	
		2	漏电保护设施缺陷	设施缺陷	触电	6	1	7	42	四级	
		3	作业人员未按操作规范操作	违章作业	触电/其他伤害	3	1	15	45	四级	
		4	降水区域未设置防护网	防护缺陷	其他伤害	3	1	15	45	四级	
		5	基坑降水点数不满足要求	管理缺陷	坍塌	3	1	15	45	四级	
7	土方开挖	1	挖运机械有缺陷	设施缺陷	机械伤害	6	1	7	42	四级	
		2	指挥人员指挥失误	管理缺陷	其他伤害	3	0.5	3	9	五级	
		3	作业人员未按操作规范操作	违章作业	其他伤害	6	1	7	42	四级	
		4	边坡支撑不当	防护缺陷	坍塌	6	6	4	144	三级	
		5	土方施工时放坡不符合规定	防护缺陷	坍塌	3	6	7	126	三级	
		6	桩头被挖运机械碰到	违章作业	物体打击	6	1	7	42	四级	
		7	破桩作业作业人员距离近，风镐用前未检查	设施缺陷	机械伤害/物体打击	6	1	10	60	四级	
		8	施工机械、弃土离边坡的安全距离未达标准	违章作业	坍塌/物体打击	6	1	7	42	四级	

续表

序号	作业活动	危害因素（人、物、环、管）			可能导致的事故	作业条件危险评价				危险级别	备注
						L	E	C	D		
8	钢筋绑扎	1	作业人员未按技术交底操作	违章作业	物体打击	6	6	3	108	三级	
		2	无防护措施或防护措施失效	防护缺陷	物体打击	6	6	4	144	三级	
		3	作业人员操作失误	操作失误	物体伤害	6	6	3	108	三级	
9	预应力张拉	1	作业人员未按技术交底张拉	违章作业	物体打击	6	6	3	108	三级	
		2	张拉机具有缺陷	机械缺陷	其他伤害	3	1	7	21	五级	
		3	张拉区域未设警惕性标志牌	标志缺陷	其他伤害	1	6	3	18	五级	
		4	张拉人员未站在安全区域内	管理缺陷	物体伤害	1	6	3	18	五级	
		5	张拉人员未佩戴防护用品	管理缺陷	物体伤害	3	6	3	54	四级	
		6	张拉人员操作失误	操作失误	其他伤害	3	1	7	21	五级	
10	模板支护	1	大模板不按规定正确存放	违章作业	物体打击	3	3	7	63	四级	
		2	攀爬或扰动大模板	违章作业	高处坠落	3	2	15	90	三级	
		3	随大模板（或平台）吊起提升	违章作业	高处坠落	3	2	15	90	三级	
		4	各种模板存放不整齐	违章作业	物体打击	3	2	15	90	三级	
		5	大模板场地未平整夯实，未设1.2米高的围拦防护	防护缺陷	物体打击	1	2	7	14	五级	
		6	清扫模板和刷隔离剂时，未将模板支撑牢固，两模板中间没有不少于60厘米的走道	防护缺陷	高处坠落	3	2	3	18	五级	
		7	模板支撑固定在非承重架上	违章作业	坍塌	3	3	10	90	三级	
		8	拆除模板时未设置警戒线和无监护人看护	违章作业	物体打击	6	3	3	54	四级	
		9	模板拆除前无砼强度报告	管理缺陷	高处坠落	6	6	3	108	三级	
		10	模板支护与拆除未铺跳板，作业人员站在钢管上作业，且未系挂安全带	管理缺陷	高处坠落	6	6	3	108	三级	
11	脚手架搭拆	1	错误使用扣件	违章作业	倒塌	3	2	7	42	四级	
		2	脚手架基础未平整夯实，无排水措施	违章作业 管理缺陷	倒塌	3	10	3	90	三级	
		3	脚手架底部未按规定垫木和加绑扫地杆	防护缺陷	倒塌	3	10	3	90	三级	
		4	脚手架底部的垫木和加绑扫地杆不符合要求	防护缺陷	倒塌	3	10	1	30	五级	
		5	未按规定设置剪刀撑或剪刀撑搭设不符合设计要求	防护缺陷	倒塌/高处坠落	3	6	7	126	三级	

续表

序号	作业活动		危害因素（人、物、环、管）		可能导致的事故	作业条件危险评价				危险级别	备注
						L	E	C	D		
11	脚手架搭拆	6	未按规定设置安全网或安全网搭设不符合要求	防护缺陷	高处坠落/物体打击	3	6	7	126	三级	
		7	各杆件之间搭结不符合规定	防护缺陷	倒塌/高处坠落	3	10	1	30	五级	
		8	未使用密目安全网沿外架子内侧进行封闭，网之间连接不牢固，未与架体固定	防护缺陷	高处坠落/倒塌	1	10	7	70	四级	
		9	操作面未满铺脚手板，下层未兜设水平安全网，漏洞大，有探头板、飞跳板	防护缺陷	高处坠落	3	2	7	42	四级	
		10	操作面未设防护栏杆和挡脚板，或立挂安全网	防护缺陷	高处坠落	6	6	3	108	三级	
		11	建筑物顶部的架子未按规定高于屋面，高出部分未设护拦和立挂安全网	防护缺陷	高处坠落	3	6	3	54	四级	
		12	架体未设上下通道或通道设置不符合要求	防护缺陷	高处坠落	1	6	7	42	四级	
		13	集料平台无限定荷载标牌，护拦高度低于 1.5 米，没用密目安全网封严	违章作业	物体打击	3	6	7	126	三级	
		14	移动式脚手架缺少防倾倒措施	违章作业	高处坠落	3	6	7	126	三级	
		15	不按规定拆除脚手架	违章作业	高处坠落/坍塌	3	6	7	126	三级	
		16	拆除脚手架时，没设警戒线、无人看管	违章作业	物体打击	3	2	7	42	四级	
		17	非架子工操作	违章作业	高处坠落/物体打击	3	5	7	135	三级	
		18	疲劳作业	超负荷	其他伤害	3	2	15	90	三级	
12	工具式脚手架	1	未用密目安全网沿外排架内侧进行封闭或底部封闭不严密	防护缺陷	高处坠落	3	2	15	90	三级	
		2	架体制作和组装不符合设计要求	违章作业	倒塌/高处坠落	1	6	7	42	四级	
		3	架体与建筑结构拉接不牢固	防护缺陷	倒塌/高处坠落	3	3	15	135	三级	

续表

序号	作业活动	危害因素（人、物、环、管）			可能导致的事故	L	E	C	D	危险级别	备注
12	工具式脚手架	4	未按规定进行荷载试验	违章指挥违章作业	倒塌/高处坠落	1	6	7	42	四级	
		5	悬挑式脚手架悬挑梁安装不符合设计要求	违章作业	倒塌/高处坠落	1	6	7	42	四级	
		6	挂脚手架悬挂点及埋设不符合设计要求或未按设计进行制作	违章作业	倒塌/高处坠落	1	6	7	42	四级	
		7	吊篮脚手架的升降葫芦和吊篮无保险卡、绳或失效，并且吊钩无保险	防护缺陷	高处坠落	1	6	15	90	三级	
		8	爬架和吊篮架无同步升降装置或虽有同步装置但达不到同步升降	设施设备缺陷	高处坠落	1	6	7	42	四级	
		9	整体提升架或爬架没有建设部组织鉴定并发放生产和使用证	管理缺陷	倒塌/高处坠落	1	10	7	70	三级	
		10	整体提升架或爬架没有当地建筑安全监督管理部门发放的准用证	管理缺陷	倒塌/高处坠落	1	10	7	70	三级	
		11	整体提升架或爬架无防坠装置或防坠装置不起作用	防护缺陷	倒塌/高处坠落	1	6	15	90	三级	
13	龙门架安拆	1	吊篮无安全停靠装置失灵	防护缺陷	机械伤害/高处坠落	1	1	15	15	五级	
		2	无超高限为位或失灵	防护缺陷	机械伤害	1	2	7	14	五级	
		3	未按规定设置揽风绳和地锚不符合规定要求	违章作业	倒塌/机械伤害	1	2	7	14	五级	
		4	揽风绳不使用钢丝绳	违章指挥	机械伤害	1	1	15	15	五级	
		5	钢丝绳、卡不符合规定，无过路保护和拖地	防护缺陷	机械伤害	3	2	7	42	四级	
		6	架体未与建筑结构连接且不符合规范要求	违章作业	倒塌/机械伤害	3	2	7	42	四级	
		7	架体与吊篮间隙超过规定要求	防护缺陷	机械伤害	3	2	7	42	四级	
		8	楼层卸料平台两侧无防护栏杆或防护不严密	防护缺陷	高处坠落/物体打击	3	3	7	63	四级	
		9	平台脚手板搭设不严、不牢	防护缺陷	高处坠落/物体打击	3	2	7	42	四级	
		10	吊篮、平台无防护门或不起作用	防护缺陷	高处坠落/物体打击	3	2	7	42	四级	

续表

序号	作业活动		危害因素（人、物、环、管）		可能导致的事故	作业条件危险评价				危险级别	备注
						L	E	C	D		
13	龙门架安拆	11	防护门未形成定型化和工具化	防护缺陷	高处坠落/物体打击	3	3	7	42	四级	
		12	地面进料口无防护棚或不符合要求	防护缺陷	物体打击	3	3	7	63	四级	
		13	卷扬机地锚不牢固	设施缺陷	机械伤害	3	2	7	42	四级	
		14	卷筒钢丝绳缠绕不整齐	设备缺陷	机械伤害	3	2	7	42	四级	
		15	滑轮与钢丝绳不匹配	防护缺陷	机械伤害	1	2	3	6	五级	
		16	卷扬机无操作棚或操作棚不符合要求	管理缺陷 违章作业	高处坠落/物体打击	1	3	3	9	五级	
		17	乘坐吊篮上下	违章作业	高处坠落	1	1	15	15	五级	
		18	无信号装置或信号方式不合理	信号缺陷	机械伤害	3	3	3	27	五级	
		19	未按程序进行拆除	违章作业	高处坠落/物体打击	3	2	7	42	四级	
14	混凝土搅拌	1	违章作业引起料斗碰人	违章作业	物体打击	3	6	5	90	三级	
		2	料斗钢丝绳破损	设施缺陷	机械伤害	0.2	6	3	3.6	五级	
		3	搅拌机具维修无防护设施或防护不全	防护缺陷	机械伤害	0.2	6	3	3.6	五级	
		4	作业人员未佩戴个人防尘用具或使用不当	防护缺陷	职业病	3	3	1	9	五级	
		5	搅拌机具电线破损	设施缺陷	触电	3	3	8	72	三级	
		6	搅拌机具未装漏电保护器	设施缺陷	触电	3	3	8	72	三级	
15	混凝土运送	1	混凝土在施工现场运输车速过快	违章作业	车辆伤害	6	3	3	54	四级	
		2	混凝土泵送管支撑不牢固	操作失误	物体打击	3	6	3	54	四级	
		3	混凝土泵送管连接在模板支撑架上	管理缺陷	物体打击	3	6	3	54	四级	
		4	混凝土泵送打压时间失误	信号缺陷	物体打击	6	1	7	42	四级	
		5	作业人员操作失误	操作失误	物体打击	1	2	7	14	五级	
16	混凝土浇筑	1	震捣未穿戴绝缘鞋和绝缘手套	防护缺陷	触电	3	3	8	72	三级	
		2	混凝土浇筑机具未装漏电保护器	设施缺陷	触电	3	3	8	72	三级	
		3	电线破损	设施缺陷	触电	3	3	8	72	三级	
		4	无防护设施或防护不全	防护缺陷	机械伤害	0.2	6	3	3.6	五级	
		5	作业人员操作失误	操作失误	物体打击	1	2	7	14	五级	

续表

序号	作业活动		危害因素（人、物、环、管）		可能导致的事故	作业条件危险评价 L	E	C	D	危险级别	备注
17	外用电梯安拆	1	吊笼安全装置不灵敏，门连锁装置不起作用	设施缺陷	机械伤害	1	1	15	15	五级	
		2	地面吊笼出入口无防护棚	防护缺陷	物体打击	1	1	15	15	五级	
		3	防护棚搭设不符合设计要求	违章作业	物体打击	3	2	7	42	四级	
		4	每层卸料口无防护门或有防护门不使用	违章作业	高处坠落/物体打击	1	2	15	30	五级	
		5	防护门未形成定型化和工具化	防护缺陷	高处坠落/物体打击	3	2	3	18	五级	
		6	超过规定承载人数无控制措施	违章作业	机械伤害	1	1	15	15	五级	
		7	超过规定重量无控制措施	违章作业	机械伤害	1	1	15	15	五级	
		8	架体与建筑结构附着不符合要求	违章作业	机械伤害	1	1	40	40	四级	
		9	电气安装不符合要求的	违章作业	触电	3	2	7	42	四级	
		10	电气控制无漏电保护装置	防护缺陷	触电	1	1	15	15	五级	
		11	避雷装置不符合要求	防护缺陷	触电	1	1	15	15	五级	
		12	无联络信号或信号不准确	信号缺陷	机械伤害	3	2	7	42	四级	
		13	未按程序进行拆除	违章作业	高处坠落/物体打击	3	2	7	42	四级	
		14	非电梯司机操作	违章作业	机械伤害	3	1	7	21	五级	
		15	司机不按规定交接班或无交接记录	违章作业	机械伤害	3	2	1	6	五级	
18	塔式起重机	1	起重机工作区域有架空输电线路	防护缺陷	触电	3	1	40	120	三级	
		2	高塔时指挥方式或信号不当	违章作业	起重伤害	3	2	15	90	三级	
		3	电压波动范围超过5%	违章作业	起重伤害	3	1	15	45	四级	
		4	无安全限位装置	违章作业	起重伤害	6	1	15	90	三级	
		5	塔高高度超过规定不安装附墙装置	违章作业	起重伤害	1	1	40	40	四级	
		6	连接螺栓松动	设备缺陷	起重伤害	3	1	40	120	三级	
		7	各机构制动器失灵	设备缺陷	起重伤害	3	1	15	45	四级	
		8	操作人员上下塔吊不遵守规定	违章作业	高处坠落	3	1	15	45	四级	
		9	起重机上向下抛掷物品	违章作业	物体打击	3	1	15	45	四级	
		10	电器或电动部件漏电或绝缘不良	设备缺陷	触电	3	1	15	45	四级	
		11	使用完毕起重机停放不当，未锁紧夹轨钳	违章作业	起重伤害	1	1	40	40	四级	
		12	设备运转时进行调整和维护	违章作业	机械伤害	3	1	15	45	四级	
		13	设备不按期保养	违章作业	起重伤害	3	2	15	90	三级	
		14	起重机不按规程进行拆除	违章作业	起重伤害	6	1	15	90	三级	

续表

序号	作业活动		危害因素（人、物、环、管）		可能导致的事故	作业条件危险评价				危险级别	备注
						L	E	C	D		
19	砌筑作业	1	脚手架支搭不规范，扣件不牢	设施缺陷	高处坠落	3	1	1	3	五级	
		2	脚手板铺设不严，未绑扎	设施缺陷	高处坠落	6	3	5	90	三级	
		3	护身栏不齐全	设施缺陷	高处坠落	3	2	7	42	四级	
		4	高空作业未系安全带，无水平面网	防护缺陷	高处坠落	3	2	15	90	三级	
		5	高处往下投掷物品	违章作业	物体打击	3	6	7	126	三级	
20	抹灰饰面	1	脚手架支搭不规范，扣件不牢	设施缺陷	高处坠落	3	6	1	18	五级	
		2	脚手板铺设不严，未绑扎	设施缺陷	高处坠落	6	3	5	90	三级	
		3	护身栏不齐全	设施缺陷	高处坠落	3	2	7	42	四级	
		4	高空作业未系安全带、未穿防滑鞋	防护缺陷	高处坠落	3	6	5	90	三级	
21	门窗安装	1	作业人员操作失误	操作失误	机械伤害/物体打击	1	3	7	21	五级	
		2	登高安装梯子无人看护	防护缺陷	高处坠落	1	3	7	21	五级	
		3	安装机具未装漏电保护器	防护缺陷	触电	3	3	8	72	三级	
		4	安装玻璃未戴防护手套	防护缺陷	机械伤害	3	3	7	42	四级	
		5	油漆作业时未戴防护口罩	防护缺陷	中毒	6	6	1	36	五级	
		6	登高油漆梯子无人看护	防护缺陷	高处坠落	1	3	7	21	五级	
22	楼层地面	1	施工机具未装漏电保护器	设施缺陷	触电	3	3	8	72	三级	
		2	磨洗水磨石地面未穿戴绝缘鞋和绝缘手套	防护缺陷	触电	1	3	15	45	四级	
23	基础和屋面防水	1	防水作业区域未保证空气流畅	环境不良	中毒火灾	3	2	7	42	四级	
		2	易燃防水材料作业区域有明火	违章作业	火灾	6	1	7	42	四级	
		3	使用有害有毒材料无防护用品	违章作业 违章指挥	中毒	3	1	7	21	五级	
24	钢结构制安	1	搭设临时平台未接地	违章作业	触电	3	1	7	21	五级	
		2	原材料搬运时，两人或多人行动不一致	违章作业	物体打击	3	3	7	42	四级	
		3	构件成品、半成品摆放无序	管理缺陷	物体打击/其他伤害	3	3	3	27	五级	
		4	型钢调直未放稳、卡牢	违章作业	物体打击	3	3	7	63	四级	
		5	构件摆放不稳	违章作业	物体打击	3	3	7	63	四级	
		6	构件翻身支点滑动	违章作业	物体打击	3	3	7	63	四级	
		7	组装构件连接螺栓及点焊部分不牢固	违章作业	物体打击	3	3	7	63	四级	

续表

序号	作业活动	危害因素（人、物、环、管）			可能导致的事故	作业条件危险评价				危险级别	备注
						L	E	C	D		
24	钢结构制安	8	钢结构柱梁吊装未预先设置三角架、直梯等	违章作业	高空坠落	3	3	7	63	四级	
		9	高处吊装完的构件未放平、垫稳，点焊牢固	违章作业	物体打击/高空坠落	1	3	7	21	五级	
		10	作业人员攀登无紧固地脚螺栓的框架或立柱	违章作业	高空坠落	1	3	15	45	四级	
		11	构件组对时，手放在对口处	违章作业	其他伤害	3	2	7	42	四级	
		12	作业人员沿焊在立柱上的钢筋攀登	违章作业	高空坠落	3	3	7	63	四级	
		13	高空作业人员工具掉下	违章作业	物体打击	3	3	3	27	五级	
25	设备制安	1	滚动台前两侧滚轮不水平	管理缺陷	机械伤害	3	3	7	42	四级	
		2	拼装体中心垂线与滚轮中心夹角小于35°	违章作业	机械伤害	3	1	15	45	四级	
		3	滚动台上工件转动速度太快（超过3米/分钟）	违章作业	机械伤害	3	1	15	45	四级	
		4	滚台上拼装容器、卷扬机牵引绳未设保险绳	违章作业	机械伤害	3	1	15	45	四级	
		5	组对容器时，点固焊接作业人员未戴防护镜	违章作业	弧光辐射	3	6	1	18	五级	
		6	组对容器时，倒链断裂	设施缺陷	物体打击	3	1	40	120	三级	
		7	低合金、高强钢容器组对时点焊未预热	管理缺陷	物体打击	3	3	3	27	五级	
		8	气顶法组对油罐，风机未设专人操作	管理缺陷	物体打击/起重伤害	3	1	7	21	五级	
		9	气顶法组对油罐，限位卡具未点牢强度不够	违章作业	物体打击	3	1	7	21	五级	
		10	吊车围板时，作业人员站在危险区域	违章作业	起重伤害	3	1	7	21	五级	
		11	中心柱法组对贮罐时，起板不平衡、倾覆	违章指挥	物体打击/起重伤害	3	3	7	63	四级	
		12	浮顶法组对油罐，浮顶上的预留孔洞、缸壁与浮顶的间隙过大	管理缺陷	淹溺	0.5	6	15	45	四级	
		13	铆、铲、捻作业，铁屑伤人	违章作业	物体打击	3	3	3	27	五级	
		14	内件安装时，照明不足	管理缺陷	其他伤害	3	3	7	63	四级	

续表

序号	作业活动		危害因素（人、物、环、管）		可能导致的事故	作业条件危险评价				危险级别	备注
						L	E	C	D		
25	设备制安	15	内件安装时，通风不畅	违章作业	窒息或中毒	3	3	7	63	四级	
		16	内件安装时，上下交叉作业，无保护	违章作业	物体打击	3	3	7	63	四级	
		17	立式容器内件安装无脚手架或操作平台	违章作业	高空坠落	3	1	7	21	五级	
		18	容器组对时，使用工具强力组对	违章作业	物体打击	3	3	7	63	四级	
26	机械作业	1	使用卷板机、剪板机时，机械运转时，用手卡样板或清理边角料	违章作业	机械伤害	3	3	7	63	四级	
		2	使用平板机时，板上站人	违章作业	其他伤害	3	3	7	63	四级	
		3	卷板时，作业人员未站在钢板两侧	违章作业	物体打击	3	1	7	21	五级	
		4	卷板时，钢板末端所留余量不足	违章作业	物体打击	3	1	7	21	五级	
		5	龙门剪板操作时，操作开关人员、送料人员、划线人员信号不一致	违章作业	机械伤害	3	1	7	21	五级	
		6	剪板机使用脚踏开关，提前将脚踏在开关上	违章作业	机械伤害	1	3	7	21	五级	
		7	剪板操作中，送料和对线人员将手伸进垂直压力装置内侧	违章作业	机械伤害	1	3	7	21	五级	
		8	冲剪机更换剪刀片，未切断电源	违章作业	机械伤害	1	3	7	21	五级	
		9	冲剪机更换冲头和漏盘，操作手把未放空档	违章作业	机械伤害	1	3	7	21	五级	
		10	使用刨边机工件未卡牢，消除刨屑未停车	违章作业	机械伤害	1	3	7	21	五级	
		11	使用角向磨光机打磨坡口，未戴防护眼镜	违章作业	物体打击	3	3	3	27	五级	
		12	各种铆工机械无安全操作规程	管理缺陷	机械伤害	3	3	7	63	四级	
		13	铆工作业人员擅自替代电、气焊及起重作业	违章作业	起重伤害/其他伤害	3	3	7	63	四级	
		14	使用卷板机、剪刀机、坡口机、刨边机等机械前，未检查电机、开关、润滑油等	违章作业	触电、机械伤害	3	3	7	63	四级	
		15	使用各种机械前，未空转试验	违章作业	机械伤害	3	3	7	63	四级	
		16	机械使用完毕后，未切断总电源	违章作业	机械伤害	3	1	7	21	五级	

续表

序号	作业活动	危害因素（人、物、环、管）			可能导致的事故	作业条件危险评价				危险级别	备注
						L	E	C	D		
27	钳工作业	1	设备包装板未合理堆放	违章作业	其他物理伤害	3	1	7	21	五级	
		2	不正确使用刮刀、手锤等工具	违章作业	其他物理伤害	3	2	7	42	四级	
		3	未采取消音、吸音措施	噪音危害	耳聋	6	6	3	108	三级	
		4	机械设备装配操作不当	违章作业	机械伤害	3	2	7	42	四级	
		5	电动工具无漏电保护器	防护缺陷	触电	3	3	7	63	四级	
		6	电动工具未按时维修	违章作业	机械伤害	3	1	7	21	五级	
		7	使用Ⅰ类手持电动工具未穿戴绝缘用品	违章作业	触电	3	2	7	42	四级	
		8	不正确使用行车	违章作业	物体打击	0.5	3	7	11.5	五级	
		9	设备清洗、脱脂未正确穿戴防护用品	违章作业	灼伤/中毒	3	1	3	9	五级	
		10	设备清洗油未妥善保管	违章作业	火灾	1	1	7	7	五级	
		11	机器油循环操作不当	违章作业	火灾	1	1	7	7	五级	
		12	机器试运转飞车	设备缺陷	机械伤害	1	3	3	9	五级	
		13	泵试车联轴器防护罩未装	违章作业	机械伤害	1	3	3	9	五级	
		14	泵试车液体泄漏	防护缺陷	灼伤/中毒	1	1	3	3	五级	
28	管工作业	1	使用克子切断铸铁管未载防护镜	防护缺陷	机械伤害	6	3	3	54	四级	
		2	克子有卷边或有裂纹	防护缺陷	机械伤害	6	3	3	54	四级	
		3	小型机具未安装平衡	防护缺陷	机械伤害	3	3	3	27	五级	
		4	电动工机具无漏电保护	防护缺陷	触电	6	6	3	108	三级	
		5	砂轮切割机砂轮片存在质量问题	管理缺陷	机械伤害	3	6	3	54	四级	
		6	使用砂轮切割机方法不当	违章作业	机械伤害	3	6	3	54	四级	
		7	使用手持砂轮机方法不当	违章作业	机械伤害	3	6	3	54	四级	
		8	未按操作规程进行卷物机煨管	违章作业	机械伤害/物体打击	3	1	3	9	五级	
		9	管子串动和对扣时，动作不协调，手位不对	违章作业	机械伤害	6	3	3	54	四级	
		10	敷设管道、支架、支座未固定牢靠	违章作业	物体打击	6	0.5	7	21	五级	
		11	地管施工未采取防地沟坍塌措施	防护缺陷	坍塌	6	6	3	108	三级	
		12	向地沟地坑内吊支管子沟坑内有人	违章作业	物体打击	10	3	3	90	三级	

续表

序号	作业活动	危害因素（人、物、环、管）			可能导致的事故	作业条件危险评价				危险级别	备注
						L	*E*	*C*	*D*		
28	管工作业	13	加套管使用活板手或紧固螺栓用力过猛	违章作业	物体打击	6	6	1	36	五级	
		14	熔铅时无防雨防水防潮且投锅法不对	违章作业	灼伤	1	1	1	1	五级	
		15	灌铅的管口有水或杂物，作业人员未戴防护眼镜、未穿防护鞋	防护缺陷	灼伤	1	1	1	1	五级	
		16	钢管铅浴退火，管头未烘干并未固定牢靠	违章作业	灼伤	1	1	3	3	五级	
		17	使用手持砂轮或打抹铸铁管水泥接口时未戴手套和防护眼镜	防护缺陷 违章作业	物体打击/机械伤害	3	3	7	63	四级	
		18	锅炉汽包胀管通风不良	管理缺陷 防护缺陷	窒息	3	1	7	21	五级	
		19	用酸碱清洗管子劳动防护用品不合要求	防护缺陷	中毒/灼伤	1	0.5	3	1.5	五级	
		20	管道脱脂现场无警示牌	标志缺陷	中毒/灼伤	3	1	1	3	五级	
		21	管道脱脂现场人员劳动防护用品不合要求	防护缺陷	中毒/灼伤	1	0.5	3	1.5	五级	
		22	管道吹扫试压无吹试方案及安措方案	管理缺陷	爆炸/机械伤害	10	3	3	90	三级	
		23	吹试方案和安措方案未经审批	管理缺陷	爆炸/机械伤害	10	3	3	90	三级	
		24	未对作业人员进行吹试交底	管理缺陷	爆炸/机械伤害	10	3	3	90	三级	
		25	作业人员未按方案实施	违章作业	爆炸/机械伤害	10	3	3	90	三级	
		26	顶管作业对顶管沿地况不明	管理缺陷	机械伤害	0.5	0.5	1	0.25	五级	
		27	顶管后座枕木受压不均	违章作业	机械伤害	1	3	1	3	五级	
		28	顶管过程中顶铁弹出	防护缺陷	机械伤害	1	3	1	3	五级	
29	焊工作业	1	焊渣、切割熔渣引起明火	防护缺陷	火灾	3	3	5	45	四级	
		2	电焊机无漏电保护器	防护缺陷	触电	3	3	7	63	四级	
		3	电焊机未设一机一闸	防护缺陷	触电	3	1	7	21	五级	
		4	电焊机外壳无接零保护	防护缺陷	触电	3	1	7	21	五级	
		5	电焊机未安装防护罩	违章作业	触电	3	1	7	21	五级	
		6	电焊机无防雨棚	违章作业	触电	3	1	7	21	五级	

续表

序号	作业活动	危害因素（人、物、环、管）			可能导致的事故	作业条件危险评价				危险级别	备注
						L	E	C	D		
29	焊工作业	7	电焊机一、二次线长度超标	违章作业	触电	3	3	3	27	五级	
		8	电焊机接线未压牢	违章作业	火灾	3	3	3	27	五级	
		9	焊钳或焊把线有破损	违章作业	触电	3	1	7	21	五级	
		10	电焊借用金属管道、脚手架等作回路零线	违章作业	触电	3	3	3	27	五级	
		11	焊条保温桶无接地	违章作业	触电	3	1	7	21	五级	
		12	打磨焊缝未戴防护眼镜	违章作业	机械伤害	3	2	7	42	四级	
		13	焊接烟尘	粉尘	尘肺	3	2	1	6	五级	
		14	电焊、等离子弧光	电辐射	灼伤	3	2	1	6	五级	
		15	在危险场合（如设备内）无监护人	违章作业	中毒和窒息	3	2	7	42	四级	
		16	钍钨棒不正确放置和使用	违章作业	中毒	1	6	1	6.	五级	
		17	焊接未办动火证	违章作业	化学性爆炸	3	2	7	42	四级	
		18	焊机无防护棚或焊机房	防护缺陷	火灾/物体打击	3	2	7	42	四级	
		19	焊机房内堆放易燃易爆品	管理缺陷	火灾/爆炸	6	3	6	108	三级	
		20	二次线使用铝线、钢筋、扁钢等	违章作业	触电/火灾	3	2	7	42	四级	
		21	在密闭场所施焊无排风设施	防护缺陷	窒息	1	1	7	7	五级	
		22	氧气瓶、氧气表和焊割具有油脂	违章作业	化学性爆炸	1	1	7	7	五级	
		23	氧气瓶、乙炔瓶和焊接点距离太近	违章作业	化学性爆炸	3	2	3	18	五级	
		24	乙炔瓶在使用时倒置	违章作业	化学性爆炸	3	1	7	21	五级	
		25	乙炔表未装阻火器，袋口未用卡子绑扎	违章作业	火灾/爆炸	6	3	6	108	三级	
		26	熔焊铜、锌、锡、铅及其合金时无排尘设备	防护缺陷	中毒	1	1	7	7	五级	
30	起重作业	1	有方案但未进行交底	管理缺陷	起重伤害	3	3	15	135	三级	
		2	起重作业前未进行严格检查	管理缺陷	起重伤害	3	2	15	90	三级	
		3	违反方案进行起重作业	违章作业	起重伤害	3	1	15	30	五级	
		4	无证上岗或非起重作业人员操作	违章指挥	起重伤害	3	3	15	135	三级	
		5	未使用或正确劳动防护用品用具	违章指挥	起重伤害	3	3	3	27	五级	
		6	信号位置不当、信号不清、信号显示不准	信号缺陷	起重伤害	3	3	15	135	三级	
		7	被吊物无溜绳、被吊物摆动	防护缺陷	起重伤害	3	3	7	42	四级	

续表

序号	作业活动	危害因素(人、物、环、管)			可能导致的事故	作业条件危险评价				危险级别	备注
						L	E	C	D		
30	起重作业	8	吊装用钢丝绳、卷筒或滑轮存在问题	违章指挥	起重伤害	10	2	7	140	三级	
		9	受力绳索邻近处有人停留和行走	防护缺陷	起重伤害	3	2	7	42	四级	
		10	拖拉绳、溜绳无标志警示	标志缺陷	起重伤害	6	3	3	54	四级	
		11	地锚未按方案埋设或设置有误	违章指挥	起重伤害	6	1	15	90	三级	
		12	吊装重量不明确物体	违章指挥	起重伤害	3	3	15	135	三级	
		13	桅杆的竖立、移动与拆除无安全技术措施	管理缺陷	起重伤害	3	3	15	135	三级	
		14	桅杆的竖立、移动与拆除未按措施实施	管理缺陷	起重伤害	3	3	15	135	三级	
		15	揽风绳数量不够或受力不均	违章指挥	起重伤害	3	3	15	135	三级	
		16	卷扬机未安装牢靠，受力偏向	管理缺陷	起重伤害	6	1	15	90	三级	
		17	卷扬机转动部件、制动抱闸失灵	违章作业	起重伤害	3	3	15	135	三级	
		18	卷扬机外露部分无防护罩	管理缺陷	起重伤害	6	1	15	90	三级	
		19	卷扬机手闸、脚闸失灵	防护缺陷	起重伤害	3	3	7	42	四级	
		20	滚杠使用不当	管理缺陷	起重伤害	3	3	7	42	四级	
		21	多人作业、人力搬运无指挥、动作不协调	违章作业	起重伤害	3	3	7	42	四级	
		22	装车物体超载(长、宽、高、重)	管理缺陷	起重伤害	3	3	7	42	四级	
		23	车辆运输物件不固定、不封车	违章指挥	起重伤害	6	3	3	54	四级	
		24	吊装重大物件未办理吊装许可证	违章作业	起重伤害/物体坠落	3	3	15	135	三级	
		25	使用倒链不正确	违章作业	起重伤害	6	6	3	108	三级	
		26	超荷载使用倒链	违章作业	起重伤害	6	6	3	108	三级	
		27	擅自改动倒链结构	违章作业	起重伤害	3	3	10	90	三级	
31	动火作业	1	无动火证动火	违章作业	火灾/爆炸	3	3	15	135	三级	
		2	管廊上动火未按一级动火要求	管理缺陷	火灾/爆炸	3	3	15	135	三级	
		3	带压不置换动火未按特殊危险动火	管理缺陷	火灾/爆炸	3	3	15	135	三级	
		4	设备、管道动火无可行的动火方案	管理缺陷	火灾/爆炸	3	3	15	135	三级	
		5	设备、管道动火无可靠的安全保障措施	管理缺陷	火灾/爆炸	3	3	15	135	三级	
		6	动火作业无专人监火	管理缺陷	火灾/爆炸	3	3	15	135	三级	
		7	动火作业周围未配备足够的灭火器材	管理缺陷	火灾/爆炸	3	3	15	135	三级	

续表

序号	作业活动		危害因素（人、物、环、管）		可能导致的事故	作业条件危险评价				危险级别	备注
						L	*E*	*C*	*D*		
31	动火作业	8	动火作业周围消防水不通	管理缺陷	火灾/爆炸	3	3	15	135	三级	
		9	动火作业周围消防通道堵塞	管理缺陷	火灾/爆炸	3	3	15	135	三级	
		10	动火作业周围电焊机外壳未接地或接零保护	违章作业	触电	3	6	7	126	三级	
		11	动火作业周围电焊机未设一机一闸	违章作业	触电	3	6	7	126	三级	
		12	动火作业周围焊把线露皮打火	设施缺陷	火灾/爆炸	3	6	7	126	三级	
		13	焊机电源线露皮短路	设施缺陷	火灾/触电	3	6	7	126	三级	
		14	焊接地线未直接与焊件连接	违章作业	爆炸	3	3	15	135	三级	
		15	焊接地线搭接在生产设备或可燃介质管道上	违章作业	爆炸	3	3	15	135	三级	
		16	气焊动火氧气瓶与乙炔瓶二者间距小于5米	违章作业	火灾/爆炸	3	3	15	135	三级	
		17	氧气瓶与乙炔瓶距动火点间距小于10米	违章作业	火灾/爆炸	3	3	15	135	三级	
		18	氧气瓶与乙炔瓶在烈日下爆晒	违章作业	爆炸	3	3	15	135	三级	
		19	氧气瓶与乙炔瓶放在高压电源下	违章作业	爆炸	3	3	15	135	三级	
		20	在距装有易燃、易爆、化学危险品的火车铁路25米以内动火	违章作业	火灾/爆炸	3	3	15	135	三级	
		21	在有可燃物、易燃物构件的塔内动火未采取隔绝措施	违章作业	火灾/爆炸	3	3	15	135	三级	
		22	在管段或设备盲肠部分动火未采取可靠措施	管理缺陷	火灾/爆炸	3	3	15	135	三级	
		23	动火作业完毕后未清理现场，留残余火种	违章作业	火灾/爆炸	3	3	15	135	三级	
		24	动火作业前无应急响应措施	管理缺陷	事故扩大	3	6	15	270	三级	
		25	动火现场排风不畅通	管理缺陷	中毒窒息	3	3	15	135	三级	
		26	动火分析采样点无代表性	违章作业	火灾/爆炸	3	3	15	135	三级	
		27	动火作业证涂改、转让	违章作业	火灾/爆炸	3	3	15	135	三级	
		28	动火作业证时效失效	违章作业	火灾/爆炸	3	3	15	135	三级	
		29	动火负责人、动火人、监火人分工不明确，职责不清	管理缺陷	火灾/爆炸	3	3	15	135	三级	
		30	一级动火、特殊、危险动火领导、安全员未到现场	管理缺陷	火灾/爆炸	3	3	15	135	三级	
		31	冬季暖棚施工，煤炉、烟囱离篷布太近	设施缺陷	火灾	3	1	15	45	四级	
		32	冬季用明火取暖，无通风口	设施缺陷	中毒窒息	3	1	15	45	四级	
		33	节假日、特殊善状况动火未升级管理	管理缺陷	火灾/爆炸	3	3	15	135	三级	

续表

序号	作业活动	危害因素（人、物、环、管）			可能导致的事故	作业条件危险评价				危险级别	备注
						L	E	C	D		
32	设备内等有限空间作业	1	设备与系统无盲板隔绝（用水封或阀门替代）	管理缺陷	火灾/中毒窒息	3	3	15	135	三级	
		2	设备电源未有效切断	违章作业	触电	3	3	15	135	三级	
		3	设备内含氧量不合格	违章作业	窒息	3	3	15	135	三级	
		4	设备内可燃气体浓度超标	违章作业	爆炸	3	3	15	135	三级	
		5	设备内腐蚀性介质未清洗置换合格	违章作业	灼烫	3	3	15	135	三级	
		6	设备内通风不畅	违章作业	中毒窒息	3	3	15	135	三级	
		7	设备内通风介质含氧量超标	违章作业	爆炸	3	3	15	135	三级	
		8	设备内温度过高	违章作业	中暑	3	6	3	54	四级	
		9	设备作业未办理《有限空间作业许可证》	违章作业	火灾爆炸/中毒窒息	3	3	15	135	三级	
		10	采样分析时间在作业前30分钟以外	违章作业	火灾爆炸/中毒窒息	3	3	15	135	三级	
		11	采样点不具有代表性	违章作业	火灾爆炸/中毒窒息	3	3	15	135	三级	
		12	连续作业2小时以上未再次分析化验	违章作业	火灾爆炸/中毒窒息	3	3	15	135	三级	
		13	在酸碱等腐蚀环境中未穿防酸碱服	违章作业	灼烫	3	3	15	135	三级	
		14	在易燃易爆环境中穿化纤衣服	违章作业	灼烫	3	3	15	135	三级	
		15	设备内作业照明不足	违章作业	高空坠落/其他	3	3	15	135	三级	
		16	设备内照明电压高于36伏	违章作业	触电	3	3	15	135	三级	
		17	潮湿、狭小的容器内照明电压高于12伏	违章作业	触电	3	3	15	135	三级	
		18	手持电动工具进容器内，未配备漏电保护器	违章作业	触电	3	3	15	135	三级	
		19	条件发生变化，再次进入设备内未办理手续	违章作业	中毒窒息/爆炸	3	3	15	135	三级	
		20	设备内作业未搭设安全梯	管理缺陷	中毒窒息	3	3	15	135	三级	
		21	设备内作业未配备救护绳索	管理缺陷	中毒窒息	3	3	15	135	三级	
		22	设备内作业违反高处作业规定	违章作业	高空坠落	3	3	15	135	三级	

续表

序号	作业活动	危害因素(人、物、环、管)			可能导致的事故	作业条件危险评价				危险级别	备注
						L	E	C	D		
32	设备内等有限空间作业	23	设备内作业违反动火作业规定	违章作业	火灾/爆炸	3	3	15	135	三级	
		24	设备内交叉作业未采取相互保护措施	管理缺陷	物体打击	3	3	15	135	三级	
		25	设备内动火作业使用易燃安全梯、救护绳	管理缺陷	高处坠落	3	1	15	45	四级	
		26	设备外无空气呼吸器、消防器材和清水等	管理缺陷	火灾/窒息	3	3	15	135	三级	
		27	设备外无急救设备	管理缺陷	中毒窒息	3	3	15	135	三级	
		28	设备内作业无监护人	违章作业	中毒/窒息/火灾	3	3	15	135	三级	
		29	设备内作业上、下无可靠的通讯联系方式	管理缺陷	中毒/窒息/火灾	3	3	15	135	三级	
		30	监护人与作业人联系信号不统一	管理缺陷	中毒/窒息/火灾	3	3	15	135	三级	
		31	监护人员脱岗	管理缺陷	中毒/窒息/火灾	3	3	15	135	三级	
		32	设备内事故抢救时，救护人员自身防护不足	管理缺陷	中毒/窒息	3	3	15	135	三级	
33	临时用电	1	未达到三级配电、两级保护	管理缺陷	触电	1	6	3	18	五级	
		2	未采用 TN－S 系统，未使用五芯电缆	防护缺陷	触电	1	6	3	18	五级	
		3	在使用同一供电系统时，一部分设备作保护接零，另一部分设备作保护接地(除电梯、塔吊设备外)	违章作业	触电	1	6	3	18	五级	
		4	脚手架外侧边缘与外电架空线路的边线未达到安全距离并未采取防护措施	防护缺陷	触电	1	6	15	90	三级	
		5	保护接地、保护接零混乱或共存	违章作业	触电	3	2	15	90	三级	
		6	保护零线装设开关或熔断器，零线有拧缠式接头	违章作业	触电	1	2	7	14	五级	
		7	保护零线未单独敷设，并作它用	防护缺陷	触电	1	2	7	14	五级	
		8	使用保护零线作负荷线	违章作业	触电	3	2	7	42	四级	
		9	保护零线未按规定在配电线路做重复接地	违章作业	触电	1	2	7	14	五级	

续表

序号	作业活动		危害因素(人、物、环、管)		可能导致的事故	作业条件危险评价				危险级别	备注
						L	E	C	D		
33	临时用电	10	重复接地装置的接地电阻值大于10欧姆	防护缺陷	触电	3	1	7	21	五级	
		11	塔式起重机(含外用电梯、高大架子)的防雷接地电阻值大于4欧姆	防护缺陷	触电	3	1	7	21	五级	
		12	电力变压器的工作接地电阻大于4欧姆	防护缺陷	触电	3	1	7	21	五级	
		13	配电箱或漏电保护器未使用定点厂家的定点产品	管理缺陷	触电	3	1	7	21	五级	
		14	固定式设备未使用专用开关箱,未执行“一机、一闸、一漏、一箱”的规定	违章作业 违章指挥	触电、机械伤害	1	6	3	18	五级	
		15	用铝导体、螺纹钢做接地体或垂直接地体	违章作业	触电	3	2	3	18	五级	
		16	漏电保护器装置参数不匹配	违章作业	触电	3	2	7	42	四级	
		17	闸具、熔断器参数与设备容量不匹配,安装不符合要求	违章作业	触电	3	2	7	42	四级	
		18	配电箱的箱门内无系统图和开关电器未标明用途,未设专人负责	管理缺陷 标志缺陷	触电	3	2	1	6	五级	
		19	电箱安装位置不当,周围杂物多,没有明显的安全标志	标志缺陷	触电	3	2	3	18	五级	
		20	电箱内的电器和导线有带电明露部分,相线使用端子板连接	电危害	触电	3	2	15	90	三级	
		21	电箱未设总分路隔离开关、引出配电箱的回路未用单独的分路开关控制	违章作业	触电	3	2	15	90	三级	
		22	电箱内多路配电无标记,引出线混乱	违章作业	触电	3	2	7	42	四级	
		23	电箱无门、无锁、无防雨措施	违章作业	触电	1	2	3	6	五级	
		24	电箱内有杂物、不整齐、不清洁	违章作业	触电	3	2	3	18	五级	
		25	配电线路的电线老化,破皮未包扎	违章作业	触电	3	3	15	90	三级	
		26	电缆过路无保护措施	防护缺陷	触电	1	2	7	14	五级	
		27	架空线路不符合要求	违章作业	触电	3	3	3	27	五级	
		28	电缆架设或埋地不符合要求	违章作业	触电	1	2	7	14	五级	
		29	电缆绝缘破坏或不绝缘	电危害	触电	3	6	7	126	三级	

续表

序号	作业活动	危害因素（人、物、环、管）			可能导致的事故	作业条件危险评价				危险级别	备注
						L	E	C	D		
33	临时用电	30	接触带电导体或接触与带电体（含电源线）连通的金属物体	带电部分裸露	触电	6	1	15	90	三级	
		31	电工不按规定程序送电	违章作业	触电	3	1	15	45	四级	
		32	在潮湿场所不使用安全电压	违章作业	触电	3	1	15	45	四级	
		33	36伏安全电压照明线路混乱和接头处未用绝缘胶布包扎	违章作业	触电	3	3	7	63	四级	
		34	照明专用回路无漏电保护	防护缺陷	触电	3	3	7	63	四级	
		35	灯具金属外壳未作接零保护	电危害	触电	3	3	7	63	四级	
		36	室内灯具安装高度低于2.4米，未使用安全电压供电	违章作业	触电	3	2	7	42	四级	
		37	手持照明灯未使用36伏及以下电源供电	违章作业	触电	1	1	15	15	五级	
		38	非电工操作	违章作业	触电	1	1	15	15	五级	
		39	施工现场和临时生活区的高度在内20米及以上的井字架、脚手架、正在施工的建筑物以及塔式起重机、机具、烟囱、水塔等设施，未装防雷保护	违章作业	触电	3	3	15	135	三级	
		40	用金属丝代替熔丝	违章作业	设备事故	1	1	15	15	五级	
34	临边洞口	1	临边护栏无护栏或护栏高度低于1.2米	防护缺陷	高处坠落	6	2	7	84	三级	
		2	电梯井未按规定安装防护门	防护缺陷	高处坠落	3	3	15	135	三级	
		3	电梯井内做垃圾通道和垂直运输通道	管理缺陷	高处坠落/物体打击	3	2	1	6	五级	
		4	出入口未搭设防护棚或防护棚不符合要求	防护缺陷	物体打击	1	10	7	70	三级	
		5	周边防护高度低于作业面（点）	防护缺陷	高处坠落	3	2	15	90	三级	
		6	无防护措施、方案	管理缺陷	高处坠落/物体打击	3	3	15	135	三级	
		7	酒后高处作业	违章作业	高处坠落	3	2	7	42	四级	
		8	未按规定设置安全警未标志	管理缺陷	高处坠落/物体打击	3	6	1	18	五级	

续表

序号	作业活动		危害因素(人、物、环、管)		可能导致的事故	作业条件危险评价				危险级别	备注
						L	E	C	D		
35	梯子平台	1	梯子与平台未固定即上人	违章作业	高处坠落	3	2	7	42	四级	
		2	临时活动梯无人监护攀登	违章作业	高处坠落	3	3	7	63	四级	
		3	梯子跨步过大或无扶手	违章指挥	高处坠落	1	2	7	14	五级	
		4	直爬梯无防护栏或防护栏不够	防护缺陷	高处坠落	1	2	7	14	五级	
		5	旋梯夹角过小	设计缺陷	其他物理伤害	1	1	3	3	五级	
		6	平台无防护栏或防护栏未固定	防护缺陷	高处坠落	6	3	3	54	四级	
		7	平台搭设不牢、不严	防护缺陷	高处坠落/物体打击	3	2	7	42	四级	
		8	平台无防护门或防护门不起作用	防护缺陷	高处坠落/物体打击	3	2	7	42	四级	
36	危化品储运	1	化学危险品仓库的设置不符合规定(无良好通风、电器设备不规范,库房与火源间距不足等)	违章作业	火灾/爆炸	3	3	6	108	三级	
		2	将性质相抵触化学危险品混放	违章作业	火灾/爆炸	6	6	3	108	三级	
		3	进入易燃、易爆化学品车间或仓库,携带火种或其他易产生火花,静电的物品	违章作业	辐射	3	1	3	9	五级	
		4	放射性物品储存、使用地,未划警戒线设立明显标志及屏蔽防护措施	违章作业	火灾/爆炸	3	6	7	126	三级	
		5	装卸时未能轻拿轻放,发生碰撞、抛掷、滚动、倾斜等	违章作业	火灾/爆炸	6	6	3	108	三级	
		6	进入化学危险品存储区域的机动车排烟口无防护罩,防火器等防护设施	违章作业	火灾/爆炸	3	1	7	21	五级	
		7	气瓶上标识,防震胶圈,安全帽等缺失	违章作业	火灾/爆炸	6	6	3	108	三级	
		8	气瓶使用未安装安全阀等防回火装置,放置在架空线路或其他有火花溅落的地方	违章作业	火灾/爆炸	3	3	3	27	五级	
		9	在运输使用放射性、腐蚀性化学危险品时未着防护服装作业	违章作业	火灾/爆炸	3	3	7	63	四级	

续表

序号	作业活动	危害因素（人、物、环、管）			可能导致的事故	作业条件危险评价				危险级别	备注
						L	E	C	D		
37	射线作业	1	射线探伤时未设警戒区	管理缺陷	职业病	3	3	15	135	三级	
		2	射线探伤作业时间选择不当	管理缺陷	职业病	3	2	15	90	三级	
		3	射线影响区内的人员未能完全疏散	管理缺陷	职业病	3	6	6	108	三级	
		4	放射性同位素采用个人携带方式运输	管理缺陷	职业病	3	0.5	40	60	四级	
		5	放射性同位素作为一般货物交车、船、飞机运输	管理缺陷	职业病	3	0.5	40	60	四级	
		6	作业人员抬运γ射线探伤器的时间超过30分钟	管理缺陷	职业病	3	1	15	45	四级	
		7	在射线作业区内进食、饮水、吸烟或存放食品	防护不当	职业病	6	6	3	108	三级	
		8	皮肤有创伤者进行放射线作业	防护不当	职业病	3	2	7	42	四级	
		9	显、定影液对操作人员的腐蚀	防护不当	职业病	1	3	1	3	五级	
38	热处理	1	导线破损或违章用电	违章作业	触电	3	3	7	63	四级	
		2	保温材料的接触、吸入	防护不当	职业病	3	6	3	54	四级	
		3	易燃物靠近被处理件	违章作业	火灾事故	1	1	15	15	五级	
39	试压作业	1	大型、重要、高中压及超高压管道、设备试压前无方案	管理缺陷	物理性爆炸	3	3	15	135	三级	
		2	试压前未向作业人员交底	管理缺陷	物理性爆炸	3	3	15	135	三级	
		3	压力表的选择与安装位置不当	管理缺陷	物理性爆炸	3	1	3	9	五级	
		4	水压试验时放空阀及排水阀的安装位置和操作不当	管理缺陷	物理性爆炸	3	1	3	9	五级	
		5	检查时敲击带压管道、设备	违章作业	物理性爆炸	6	1	7	42	四级	
		6	站在法兰、盲板侧面或对面进行检查	违章作业	物理性爆炸	6	1	7	42	四级	
		7	试压介质、温度未考虑环境及材质情况	管理缺陷	物理性爆炸	3	1	7	21	五级	
		8	稳压时间过长或过短	管理缺陷	物理性爆炸	6	1	7	42	四级	

续表

序号	作业活动		危害因素（人、物、环、管）		可能导致的事故	作业条件危险评价				危险级别	备注
						L	E	C	D		
40	防腐作业	1	防腐作业的易燃、有毒物品与其他材料混放	管理缺陷	爆炸/中毒	3	6	3	54	四级	
		2	挥放性物料未装入密闭容器或容器未密闭	违章作业	火灾/爆炸	3	3	1	9	五级	
		3	库房通风不畅或无通风设施	管理缺陷	火灾/爆炸	3	3	7	63	四级	
		4	库房无消防器材、无“严禁烟火”警示牌	防护缺陷	火灾/爆炸	3	3	7	63	四级	
		5	喷砂防腐作业人员劳动防护用品配戴不规范	防护缺陷	中毒	3	3	1	9	五级	
		6	衬里作业，容器外无人监护与配合	防护缺陷	窒息	3	3	7	63	四级	
		7	防腐作业人员穿戴易产生火花的衣服、钉子鞋作业违章作业	违章作业	火灾	3	3	1	9	五级	
		8	防腐作业人员携带火种作业	违章作业	火灾	3	3	1	9	五级	
		9	衬里作业周围无围栏、无警示牌	标志缺陷	火灾/爆炸	1	3	3	9	五级	
		10	衬里作业人员未戴防毒面具	防护缺陷	中毒	6	3	7	126	三级	
		11	喷砂罐、硫化锅泄漏	管理缺陷	爆炸/中毒	3	1	7	21	五级	
		12	喷砂罐、硫化锅的压力表、阀门失灵	管理缺陷	爆炸/中毒	6	1	7	42	四级	
		13	边防腐衬里边用火花检测仪检测	违章作业	火灾/爆炸	3	0.5	1	1.5	五级	
		14	硫化锅内压力大于0.3兆帕	违章作业	爆炸	6	0.5	1	3	五级	
		15	从事氟硅酸钠等有毒作业未按规定戴防护用品	防护缺陷	中毒	6	3	3	54	四级	
		16	进行胶板和塑料粘（焊）接时未戴防护用品	防护缺陷	中毒	6	3	3	54	四级	
		17	喷砂用压缩机，贮砂罐不平稳，管道不畅通	管理防护缺陷	机械伤害	3	0.5	3	4.5	五级	
		18	塑料焊接无漏电保护装置	防护缺陷	触电	3	0.5	1	1.5	五级	
		19	下班前未清理现场，有残存易燃、易爆物	管理缺陷	火灾	6	3	3	54	四级	
41	保温作业	1	保温作业人员未戴口罩	防护缺陷	尘肺病	3	0.5	1	1.5	五级	
		2	保温作业人员工作服未达到“三紧”	防护缺陷	皮肤病	3	0.5	1	1.5	五级	
		3	保温作业人员站在保护层上作业或行走	违章作业	高处坠落	0.5	2	1	1	五级	

续表

序号	作业活动	危害因素(人、物、环、管)			可能导致的事故	作业条件危险评价				危险级别	备注
						L	E	C	D		
41	保温作业	4	未经许可在运行中的设备、管道上保温作业	管理缺陷	爆炸/灼伤	3	3	1	9	五级	
		5	使用手电钻时戴手套	违章作业	机械伤害	3	3	1	9	五级	
		6	泡沫药液未登记分类存放或露天曝晒	管理缺陷	火灾/爆炸	3	1	15	45	四级	
		7	泡沫药液库无“禁止烟火”、“闲人免进”警示	标志缺陷	火灾/爆炸	3	1	15	45	四级	
		8	泡沫药液通风设施不到位	防护缺陷	爆炸	3	1	15	45	四级	
		9	配药喷涂人员未正确配备防护用品	管理缺陷	中毒	3	3	1	9	五级	
		10	无相应的消防器材	管理缺陷	火灾	3	3	3	27	五级	
		11	作业声所通风不良	防护缺陷	中毒	3	3	1	9	五级	
		12	作业人员过敏感染	管理缺陷	中毒	3	3	3	27	五级	
		13	在作业场所用餐或存放餐具	管理缺陷	中毒	6	3	3	54	四级	
		14	下班前未清理作业现场	管理缺陷	火灾/中毒	6	6	1	36	五级	
42	电气设备安装	1	搬运设备时发生接替倾倒撞击	违章作业	物体打击	3	3	7	63	四级	
		2	调整开关时动触头外站人	违章作业	物体打击	3	3	7	63	四级	
		3	使用撬杆、滚杆时未按规定操作	违章作业	物体打击	3	3	7	63	四级	
		4	调试设备未采取接地措施	违章作业	触电	3	3	7	63	四级	
		5	使用梯子未采取安全措施	违章作业	高处坠落	3	3	7	63	四级	
43	敷设电缆	1	开控电缆触及运行中电缆	违章作业	触电	3	3	7	63	四级	
		2	电缆耐压后未放电	违章作业	触电	3	3	7	63	四级	
		3	在桥架、槽盒放电缆不系安全带	违章作业	高处坠落	3	3	15	135	三级	
		4	电缆盘转速过快倾倒	违章作业	物体打击	3	3	7	63	四级	
		5	放电缆人员动作不一致	违章作业	物体打击	3	3	7	64	四级	
44	架空线路	1	吊杆时不系牵引绳	违章作业	物体打击	3	3	3	27	五级	
		2	登杆时不系安全带	违章作业	高处坠落	3	6	7	126	三级	
		3	高压线路停电后不挂接地线	违章作业	触电	3	6	7	126	三级	
		4	运杆时不封车	违章作业	物体打击	3	3	7	63	四级	
		5	立杆时斜拉(吊车)	违章作业	物体打击	3	3	7	63	四级	
		6	立杆时吊车不按规定打腿	违章作业	物体打击	6	3	6	108	三级	
		7	钳断带有钢芯、导线时未固定	违章作业	物体打击	3	3	7	63	四级	
		8	登杆作业时，对可能带电线路及导体未验电	违章作业	触电	3	3	15	90	三级	
		9	运杆时狭窄路段行车、转向未有人指挥	违章作业	车辆伤害	3	3	7	63	四级	
		10	杆上作业未采取绳索传递	违章作业	物体打击	3	3	7	63	四级	

续表

序号	作业活动	危害因素(人、物、环、管)			可能导致的事故	作业条件危险评价				危险级别	备注
						L	E	C	D		
45	电缆配管	1	使用人力弯管操作不当	违章作业	高处坠落 物体打击	3	3	7	63	四级	
		2	使用电动弯管操作不当	违章作业	机械伤害	3	3	1	9	五级	
		3	在梯子上作业无人扶梯	违章作业	高处坠落	3	3	7	63	四级	
		4	采用人力弯器操作不当或弯管器不合格	违章作业	摔伤	3	3	7	63	四级	
		5	使用大锤操作不当	违章作业	物体打击	3	3	7	63	四级	
46	仪表设备安装调试	1	搬运安装设备时发生倾倒、撞击	违章作业	物体打击	3	3	7	63	四级	
		2	在仪表盘、柜顶部存放工具	违章作业	物体打击	3	3	3	27	五级	
		3	带压拆装仪表一次元件	违章作业	物体打击	3	3	15	90	三级	
		4	在易燃、易爆场所安装作业未采取安全措施	违章作业	爆炸	3	3	15	90	三级	
		5	从事电子仪表接线时带电作业	违章作业	触电	3	3	7	63	四级	
		6	对有毒气体分析器的校验未采取安全措施	违章作业	中毒	3	3	7	63	四级	
		7	校验时油温过高	违章作业	火灾	3	3	7	63	四级	
		8	往高处输送工具、材料时绳扣未系牢	违章作业	物体打击	3	3	7	63	四级	
		9	使用不合格梯子作业	违章作业	高处坠落	3	3	7	63	四级	
		10	在高处作业不系安全带	违章作业	高处坠落	6	6	5	180	二级	
		11	在高温管道设备作业未采取安全措施	违章作业	灼烫	3	3	7	63	四级	
		12	开剥电缆操作不当	违章作业	刨伤	3	3	3	27	五级	
47	通风作业	1	熔锡时锡液着水飞溅	违章作业	灼烫	3	3	3	27	五级	
		2	熔锡时盐酸保管不善	管理缺陷	灼烫	3	3	3	27	五级	
		3	风管内铆法兰，管外人员面部伤害	违章作业	物体打击	3	3	3	27	五级	
		4	风管内腰箍冲眼管个人员面部伤害	违章作业	物体打击	3	3	3	27	五级	
		5	组装风管用手触摸法兰孔	违章作业	其他伤害	3	3	3	27	五级	
		6	组装风管手放在对管口	违章作业	其他伤害	3	3	3	27	五级	
		7	吊装风管索具强度不够	设施缺陷	超重伤害	6	1	7	42	四级	
		8	吊装风管时未加溜绳稳住	违章作业	超重伤害	3	3	7	63	四级	
		9	吊装风管时与空中电线安全距离不够	违章作业	触电	6	1	15	108	三级	

续表

序号	作业活动	危害因素(人、物、环、管)			可能导致的事故	作业条件危险评价				危险级别	备注
						L	E	C	D		
47	通风作业	10	高空安装风管时，违反高空作业规定	违章作业	高空坠落	3	3	7	63	四级	
		11	易燃、易爆、有毒等有限空间场所作业违反相关安全规定	违章作业	中毒/火灾	3	1	7	21	五级	
		12	风管安装时临时支撑不牢固	违章作业	物体打击	6	1	7	42	四级	
		13	风管安装作业人员踩踏其他精密仪表等设施	管理缺陷	设备损坏	1	1	7	7	五级	
		14	风管安装时端口未封闭	管理缺陷	高空坠落	3	1	7	21	五级	
		15	风道安装完毕工具等杂物遗忘在风道内	管理缺陷	设备损坏	1	6	7	42	四级	
		16	风道安装完毕现场未及时清理打扫	管理缺陷	其他伤害	1	3	7	21	五级	
		17	使用剪板机、咬口机、卷圆机等，用手清理边角料	违章作业	机械伤害	6	3	3	54	四级	
		18	使有剪板机调整铁皮时，脚放在踏板上	违章作业	机械伤害	6	3	3	54	四级	
		19	使用剪板机手伸入压板空隙中	违章作业	机械伤害	6	2	7	84	三级	
		20	使用固定振动剪手指离刀口太近	违章作业	机械伤害	3	3	7	63	四级	
		21	使用固定振动剪刀片未及时更换	违章作业	机械伤害	3	2	3	18	五级	
		22	使用固定振动剪更换刀片未拉闸停电停机	违章作业	机械伤害	3	3	3	27	五级	
		23	使用三角切断机剪切时，工件未压实	违章作业	机械伤害	3	2	3	18	五级	
		24	用折方机折方时配合不协调且操作人员距翻转的钢板太近	违章作业	机械伤害	1	1	7	7	五级	
		25	用咬口机咬口作业时，手放在轨道上	违章作业	机械伤害	3	3	3	27	五级	
		26	用咬口机咬口作业时，手指距滚轮小于5厘米	违章作业	机械伤害	3	3	3	27	五级	
		27	卷圆机、压边机操作用手直接推送工件	违章作业	机械伤害	3	3	3	27	五级	
		28	用各种机械前，未检查电机、开关及润滑油	管理缺陷	机械伤害	3	3	3	27	五级	
		29	使用各种机械前未空转试验	违章作业	机械伤害	3	3	3	27	五级	
		30	机械无专人操作	管理缺陷	机械伤害	3	3	7	63	四级	
		31	机械使用完毕，未切断电源开关	违章作业	机械伤害	3	3	7	63	四级	

续表

序号	作业活动	危害因素（人、物、环、管）			可能导致的事故	作业条件危险评价				危险级别	备注
						L	E	C	D		
48	吹扫与试车作业	1	管道吹扫口、试车排气口未设防护	违章作业	物体打击	3	3	6	54	四级	
		2	蒸汽管道未保温	防护缺陷	灼烫	3	3	6	54	四级	
		3	通电设备未挂警示牌	违章作业	触电/机械伤害	3	3	7	63	四级	
		4	动力设备和配电系统未摇绝缘即送电	违章作业	触电/火灾/灼烫	6	3	3	54	四级	
		5	动设备机械故障	违章作业	机械伤害	6	3	7	63	四级	
49	季节性施工	1	雨季现场、临建、构筑物、设备等未及时检查	管理缺陷	坍塌等	3	3	7	63	四级	
		2	雨季道路、通道、脚手板等未采取防滑措施	管理缺陷	高处坠落	3	6	3	54	四级	
		3	雨季雷雨天气进行吊装和高处作业	管理缺陷	高处坠落	3	3	7	63	四级	
		4	雨季避雷及其他接地措施未进行电阻测定	管理缺陷	触电	3	3	7	63	四级	
		5	夏季氧气及乙炔气瓶在烈日下曝晒	防护不当	爆炸	6	6	3	128	三级	
		6	夏季无卫生保健措施	环境不良	中暑	3	3	7	63	四级	
		7	冬季道路、通道、脚手板等未采取防滑措施	管理缺陷	高处坠落等	6	6	3	128	三级	
		8	冬季试压后未把设备、管道内积水放净	管理缺陷	设备损坏	6	1	3	18	五级	
		9	施工机械、车辆冷却水未加防冻剂	管理缺陷	设备损坏	6	3	3	54	四级	
		10	冬季用煤炉取暖时门窗封闭过严	管理缺陷	中毒	10	0.5	15	75	三级	

附件 4　重要环境因素评价表

序号	环境因素	影响	环境影响规模和范围（A）	环境影响的程度（B）	环境影响发生的频率（C）	法律法规遵循情况（D）	环境影响社会关注度（E）	评价值	是否是重要环境因素	控制措施	备注
1	极端严寒天气	1. 冻坏设备、设施 2. 降低劳动效率 3. 作业危险性增大 4. 部分作业不能进行	5	5	1	3	5	19	√	采取保温、采暖措施 增加工人保暖劳动服装、鞋帽等 停止或减少室外施工作业 缩短劳动暴露时间	
2	极端高温天气	1. 高温酷暑 2. 降低劳动效率 3. 作业危险性增大	5	5	1	3	5	19	√	采取遮阳防晒措施 增加通风措施 停止或缩短室外劳动时间	
3	大雪天气	1. 低温、潮湿 2. 冻坏设备、设施 3. 降低劳动效率 4. 作业危险性增大 5. 部分作业不能进行	5	5	1	1	5	17	√	采取保温、采暖措施 采取防滑措施 增加工人保暖劳动服装、鞋帽等 停止或减少室外施工作业 安排除雪	
4	大雨天气	1. 潮湿或水浸 2. 降低劳动效率 3. 危险性增大 4. 部分作业不能进行	5	5	1	1	3	15	√	采取防雨、防水措施 配备个人防雨用品 停止室外施工作业	
5	大风天气	1. 扬尘 2. 降低劳动效率 3. 危险性增大 4. 部分作业不能进行	5	5	1	1	3	15	√	停止室外施工作业 采取挡风、防风措施	

续表

序号	环境因素	影响	环境影响规模和范围（A）	环境影响的程度（B）	环境影响发生的频率（C）	法律法规遵循情况（D）	环境影响社会关注度（E）	评价值	是否是重要环境因素	控制措施	备注
6	喷砂除锈	1. 损害身体 2. 降低劳动效率 3. 作业危险性增大	1	5	3	5	1	15	√	采取技术、管理措施 改变施工工艺、方法 配备个人防尘劳保用品 缩短劳动暴露时间	
7	喷涂防腐	1. 损害身体 2. 降低劳动效率 3. 作业危险性增大	1	5	1	5	1	13	×	采取技术、管理措施 改变施工工艺、方法 配备个人防尘劳保用品 缩短劳动暴露时间	
8	高温环境	1. 损害身体 2. 冻坏设备、设施 3. 降低劳动效率 4. 作业危险性增大	1	3	1	3	1	9	×	采取技术、管理措施 改变施工工艺、方法 配备个人防尘劳保用品 缩短劳动暴露时间	
9	低温环境	1. 损害身体 2. 降低劳动效率 3. 危险性增大	1	3	1	3	1	9	×	采取技术、管理措施 改变施工工艺、方法 配备个人防尘劳保用品 缩短劳动暴露时间	
10	噪音环境	1. 损害身体 2. 降低劳动效率 3. 危险性增大	1	3	3	3	1	11	×	采取技术、管理措施 改变施工工艺、方法 配备个人防尘劳保用品 缩短劳动暴露时间	
11	夜间施工或照明不足	1. 降低劳动效率 2. 作业危险性增大	1	5	3	1	1	11	×	增加照明设施 缩短劳动时间	

附件5 办公场所危险源辨识评价表

序号	办公活动	危害因素(人、物、环境、管理)			可能导致的事故	作业条件危险评价				危险级别	现有控制措施	备注
						L	*E*	*C*	*D*			
1	办公照明	1	办公室电线和插座等漏电	设施缺陷	触电	6	1	7	42	四级	按规定检查测试漏电保护装置，不乱拉用电线路	
		2	办公室电线和插座等虚接、打火、高温	设施缺陷	火灾	6	3	7	126	三级	按规定检查供电线路完好程度，人走断电	
2	计算机等用电设备	1	设备未按标准要求与外壳接地	设施缺陷	触电	6	1	7	42	四级	按规定检查设备接地	
		2	供电线路突然升压，或人走未断电	设施缺陷	火灾	6	3	7	126	三级	按规定检查供电线路完好程度，人走断电	
3	人为吸烟	1	吸烟乱扔烟蒂引起火灾	行为违章	火灾	6	3	7	126	三级	办公室严禁吸烟，指定吸烟点，不乱扔烟蒂	
4	乘坐电梯	1	在电梯关门时强行进入	违章作业	夹人	6	1	7	42	四级	加强教育培训，遵守乘梯规定	
		2	电梯维修维护不及时，产生设备故障	设施缺陷	被困	6	1	7	42	四级	加强教育培训，遵守乘梯规定	
		3	电梯维修维护不及时，钢丝绳故障	设施缺陷	坠落	6	1	7	42	四级	加强教育培训，遵守乘梯规定	
5	使用电子门卡	1	电子门锁失效或损坏	设施缺陷	被困	6	1	7	42	四级	定期对门禁设施进行维护，及时与主管人员联系	
		2	电子门锁失效或损坏	设施缺陷	禁人	1	1	7	7	五级	定期对门禁设施进行维护，及时与主管人员联系	
6	使用空调	1	空调或线路有故障,温度升高,引燃装饰材料	设施缺陷	火灾	6	3	7	126	三级	定期检修检查	
		2	空调排水管线断裂	设施缺陷	漏水	1	1	7	7	五级	定期检查更换	
7	办公行走	1	地面有水等物质，造成地面湿滑	设施缺陷	滑倒	1	1	7	7	五级	增加提示，采取防滑地毯等	
		2	走路姿势不正确，或不注意	自身原因	崴脚	1	1	7	7	五级	注意行走姿势	
		3	未注意周围环境和物品	自身原因	磕碰	1	1	7	7	五级	注意行走周围物品	
		4	未注意周围台阶等高低差区域	设施缺陷	绊倒	1	1	7	7	五级	注意线路的高低差，贴上提示	
8	办公运物	1	未预试搬运物品重量超重	违章作业	腰损	1	1	7	7	五级	注意搬运物品的重量	
		2	未注意行走湿滑的路段	违章作业	滑倒	1	1	7	7	五级	注意行走路线	
		3	未注意物品重心或高度	违章作业	倾倒	1	1	7	7	五级	注意运送物品重心和高度	
9	乘坐车辆	1	未遵守乘车规章，未及时避让	违章驾驶	伤亡	3	1	15	45	四级	遵守道路交通法	
		2	未定期维修保养	设施缺陷	车损、伤亡	3	1	15	45	四级	遵守道路交通法	

续表

序号	办公活动	危害因素（人、物、环境、管理）			可能导致的事故	作业条件危险评价				危险级别	现有控制措施	备注
						L	E	C	D			
10	提取现金	1	未注意现金保管、防盗	自身原因	丢失、被盗	6	1	7	42	四级	注意保管现金，防止丢失被盗	
11	工作餐	1	餐饮食物过期变质	行为违章	食物中毒	3	1	15	45	四级	执行规定，严禁使用和食用过期变质食物	
12	现场检查	1	误入吊装等限制作业区域	行为违章	物体打击	6	1	7	42	四级	执行规定，严禁入内	
		2	误入高压带电作业区域	行为违章	触电	6	1	7	42	四级	执行规定，严禁入内	
		3	未注意基坑、孔洞，造成坠落	行为违章	坠落	6	1	7	42	四级	行走注意安全	
		4	登高检查见证，未系安全带	行为违章	坠落	6	1	15	45	四级	系挂安全带，行走注意安全	
		5	设备内监督检查	行为违章	中毒窒息	6	3	7	126	三级	严格执行规定	

附件 6　办公场所环境因素辨识评价表

序号	办公类别	环境因素	环境影响	环境影响规模和范围（A）	环境影响的程度（B）	环境影响发生的频率（C）	法律法规遵循情况（D）	环境影响社会关注度（E）	评价值	是否是重要环境因素	控制措施	责任主体
1	办公用水	污水	污染环境	1	3	1	1	1	7	否	按规定检查节水、污水排放到下水道	物业、公司员工
2	办公照明	火灾	污染环境	5	3	3	1	3	15	是	按规定检查供电线路完好程度，人走断电	物业、公司员工
3	计算机等用电设备	火灾	污染环境	5	3	3	1	3	15	是	按规定检查供电线路完好程度，人走断电	物业、公司员工
		报废	污染环境	3	3	1	1	1	9	否	按规定回收处置	公司综合办公室
4	打印机	废纸	污染环境	3	3	1	1	1	9	否	按规定回收或分类．由物业公司送造纸厂处理	物业
		废墨盒		5	3	3	1	3	15	是	按规定回收处置，防止污染环境	公司综合办公室
5	电池	报废	污染环境	5	3	3	1	3	15	是	按规定回收处置，防止污染环境	公司综合办公室
6	吸烟	烟气	污染环境	1	3	1	1	3	9	否	按规定严禁办公区域吸烟	物业
7	空调	火灾	污染环境	5	3	3	1	3	15	是	按规定联系专业队伍检查把关	物业
		漏水		1	3	1	3	1	9	否	按规定联系专业队伍检查把关	物业、公司员工
8	其他垃圾	乱扔	污染环境	1	3	3	1	1	9	否	按规定放入垃圾桶，由卫生清扫人员回收处置	物业、公司员工

附件7 煤制油化工基建项目安全设计检查表

附表7-1 工艺过程安全设计检查提纲表

检查项目	序号	检查内容	检查结果
物料	1	哪些工艺物料是不稳定或可自燃的?	
	2	对物料的冲击敏感性已经作了怎样的评价?	
	3	对不可控反应或分解进行评价了吗?	
	4	物料分解过程中,有哪些有关热量释放速度和总量的数据可供利用?	
	5	对可燃物料已采取哪些必要的预防措施?	
	6	有哪些可燃粉尘危险存在?	
	7	哪些物料是高度毒性的?	
	8	已采取了什么措施确保设备结构材料与化工工艺物料的相容性?	
	9	为避免替代材料遭受过度腐蚀或与反应物料生成危险的化合物,应对设备维修采取哪些必要的控制措施?	
	10	原料成分的改变会对工艺过程产生什么影响?	
	11	采取哪些充分的控制措施确保原料的识别和质量?	
	12	如果一种或多种原料供应出了问题会带来什么危险?	
	13	有什么措施能保证原料的充分供应?	
	14	如果用于吹扫、气封的惰性气体出了问题会带来什么危险?如何确保气体供应?	
	15	考虑到储存物料的稳定性,应采取哪些必要的预防措施?	
	16	那种灭火剂与工艺物料相容?	
	17	可以提供哪种紧急灭火设备及程序?	
反应	1	有潜在危险的反应如何隔离?	
	2	哪些工艺变量可能或完全可能接近危险极限条件?	
	3	出现了不希望的物流或工艺状况,或者遭到污染,会发生哪种不希望的危险反应?	
	4	设备内可能产生哪种可燃混合物?	
	5	如果工艺操作一旦接近或达到燃烧和爆炸极限应采取哪些预防措施?	
	6	所有反应物和中间产物安全的工艺裕量有多大?	
	7	对正常反应或可能的异常反应有哪些与反应速度相关的数据可供利用?	
	8	对正常放热反应或可能的异常放热反应有多少热量应移除?	
	9	化学反应过程的化学性质都已经完全了解了吗?	
	10	周围有什么样的污染物会导致工艺过程的污染并产生危险?	
	11	如果装置一旦发生紧急情况,有哪些预防措施可以对反应物迅速进行处理?	
	12	如果化学反应面临失控,有哪些预防措施可以处理和暂停出现的失控?	
	13	所有希望和不希望发生的化学反应都完全了解了吗?	

续表

检查项目	序号	检查内容	检查结果
反应	14	如果机械设备(泵、搅拌器等)出故障，可能会导致什么危险反应？	
	15	如果设备被逐渐堵塞或突然堵塞，会导致什么危险工艺状况？	
	16	极端的天气条件会对什么原料或工艺物料造成有害影响？	
	17	前一次过程安全审查以来，已进行了哪些工艺更改？	
操作	1	最后的一次书面操作程序审查及修订是什么时间进行的？	
	2	初次上岗操作的新操作人员怎样进行培训？有经验的操作人员对新装置的操作程序，特别是开车、停车、异常、和紧急状态，如何进行更新培训？	
	3	最后一次工艺安全审查以来装置进行了哪些修改？	
	4	开工前有什么特殊的清扫要求？怎样核查这些要求？	
	5	哪些紧急状态下的阀门和开关不易接近和操作？有什么办法来解决这些问题？	
	6	液体装入储槽或从储槽中提取时，需要采取哪些安全预防措施？产生静电的可能性已注意到了吗？	
	7	常规维修程序会引入什么工艺危险？	
	8	在正常和非正常操作期间，排污物料的危险已做过评估了吗？	
	9	惰性气体供应可靠吗？能方便供应已中断的特殊装置吗？	
	10	在努力解除操作“瓶颈”，降低成本，增加产能或改进质量过程中，由于设计或施工更改，缩小了哪些安全余量？	
	11	操作手册中有哪些涉及开工、停工、异常及紧急事故的规定？	
	12	不论是采用间歇过程还是采用连续过程都指定要进行什么经济评价？	
设备	1	如果工艺采纳最后一次过程安全审查的建议对工艺进行了更改，设备结构及尺寸是否进行了相应的调整以适合工艺更改的要求？	
	2	设置了安全阀、爆破片装置、紧急切断装置、安全联锁装置、压力表、液位计、测温仪表等安全附件吗？	
	3	采用新材料、新技术、新工艺以及有特殊使用要求的压力容器是否经过政府有关部门批准？	
	4	采用国际标准或境外标准设计制造的压力容器是否进行了设计文件与我国基本安全要求的符合性审查？	
	5	对储存液化气体的储罐是否注明了装量系数？	
	6	对有应力腐蚀倾向的材料是否注明了腐蚀介质的限定含量？	
	7	是否注明了压力容器设计寿命？	
	8	对不能进行耐压试验的受压容器，是否注明了计算厚度和制造及使用的特殊要求？	
	9	奥氏体不锈钢压力容器或受压元件用于有晶间腐蚀倾向介质场合时，是否提出了抗晶间腐蚀检验或热处理的要求。	
	10	当压力容器所盛装的介质其毒性为极度危害和高度危害或不允许有微量泄漏时，是否提出了压力容器泄漏试验的方法和要求？	

续表

检查项目	序号	检查内容	检查结果
设备	11	如果外部发生火灾，会使设备内部处于何种危险状态？	
	12	如果发生火灾、爆炸情况，是否有抑制火灾蔓延和减少损失的必要设施？	
	13	什么地方需要阻火器及阻爆器？	
	14	在狭窄区域打开明火设备如何防止火灾？	
	15	在整个储存区域，有什么安全控制(措施)？	
	16	使用玻璃等易碎材料制造的设备是否采用了强度大的改性材料？如果未用这种材料，可能会出现哪些危险？应该采取何种防护措施？	
	17	是否在特别必要的情况下才装设视镜玻璃？在受压或有毒的反应容器中是否装设了耐压的特殊玻璃？	
	18	紧急情况下用的阀或开关是否易于接近和操作？	
	19	哪些管线可能发生堵塞？会带来什么危险？	
	20	为保证设备维修安全，设备彻底排液时需要采取什么措施？	
	21	压力容器是否设置了满足进行内部检查的需要检查孔？其开设位置、数量和尺寸等是否合理？	
	22	对不开设检查孔的压力容器，采取了哪些具体的技术措施？	
	23	对有保温层的压力容器，如果规定保温层不允许拆卸，是否提出了压力容器定期检验的方法？	
	24	装有触媒的压力容器和装有充填物的大型压力容器，是否注明了使用过程中定期检验的技术要求？	
	25	由于结构原因不能进行内部检验的容器，是否注明了计算厚度、使用中定期检验和耐压试验的要求？	
	26	是否实现了有组织的通风换气，如何进行评价？	
	27	是否考虑了防静电的措施？	
	28	对有爆炸敏感性的生产设备是否进行了隔离？是否安设了屏蔽物和防护墙？	
配管和阀门	1	热力管道系统进行了应力分析吗？	
	2	配管支架的设置是否合理、可靠？	
	3	配管系统是否提供了防冻保护(特别是冷水管线、仪表接头以及如备用泵管线一类的不流通接头)？	
	4	开车前是否完成了所有管道的清洗？	
	5	在应力管道中是否已避免使用铸铁阀门？	
	6	是否避免使用“暗杆式”阀门？	
	7	在事故吹扫连接处，是否设置了防止交叉污染的双切断阀、止回阀和排泄阀？	
	8	控制器和控制阀是否方便操作和维修？	
	9	控制阀的旁路阀是否方便操作？安装位置是否影响操作安全？	
	10	在断电或断仪表风的情况下，所有控制阀的安全动作是否都检查过？	

续表

检查项目	序号	检查内容	检查结果
配管和阀门	11	是否提供了在不停车的情况下检查和维修报警和联锁仪表一次元件的方法?	
	12	蒸汽管道设置疏水器或采取了其他疏水措施了吗?	
泄压和破真空	1	对安全阀或防爆板泄放管道上的阻火器作了哪些规定?	
	2	对安全阀和防爆板的拆除、检查及更换作了什么规定?有什么计划安排的程序?	
	3	哪些容器需要安装紧急泄压装置(呼吸阀、安全阀、防爆板、液封)?决定其尺寸大小的依据是什么?	
	4	在采用防爆板防止爆炸损坏的压力容器,怎样根据容器的容量和设计条件来确定防爆板的尺寸?	
	5	如何根据防爆板的泄放压力来确定防爆板进、出口管线的管径?同时如何防止出口管线的振动?	
	6	放空口、安全阀、防爆板及火炬的泄压口是否布置在足以避免危及设备及人员的地方?	
	7	对于内压设备或由于误操作而可能产生内压的设备,在哪种情况下,可以不安装泄压装置?为什么?	
	8	为使安全阀泄放管尽可能短、方向变动尽可能小,是否需要单独设置泄放管道支架?	
	9	有可能积凝液的安全阀泄放管道是否需要配备排凝(液)接头?	
	10	安全阀是否安装在:a)正位移泵的排出端?b)正位移压缩机和切断阀之间?c)背压式透平排汽法兰和切断阀之间?	
	11	在需要防爆板与安全阀串联以防止安全阀的腐蚀或毒性物料泄漏的压力容器,防爆板应靠近容器安装,防爆板与安全阀之间的管段应设释压管并有压力表监视。审查防爆板是否装到了安全阀的泄压侧?	
	12	与安全阀和破真空装置连接的管段是否采取了保温措施,以防止固体在管壁的堆积,妨碍安全装置的的动作?	
机械	1	管道支架以及防止由于管道热膨胀作用在机械设备上的应力超过可接受限度的挠性度是否满足要求?	
	2	划分临界速度与操作速度的分割点是怎么确定的?	
	3	止回阀能否准确迅速地动作,以防止流体的倒流以及泵、压缩机、驱动机等的逆转?	
	4	是否充分考虑了在震动运行状态下变速传动装置的运行因数?	
	5	铝轴承润滑油系统是否有全流式过滤器?	
	6	蒸汽透平进口及排汽管线上是否有排凝阻汽装置?	
	7	蒸汽透平驱动的机械能否承受透平冲转暖机的启动速度?	
	8	对于排出压力 >0.517 兆帕表压的空气压缩机是否采用了无润滑结构或不燃性合成润滑剂以防爆炸?	
	9	对关键机械操作期间及紧急停车期间的紧急润滑,采取了什么措施?	
	10	关键机械是否准备了备用机械或关键备用零部件?	

续表

检查项目	序号	检查内容	检查结果
机械	11	在突然断电时有无措施保证机械设备的操作或安全停车？	
	12	冷却塔风机的报警器或联锁是否提供了振动开关？	
仪表控制	1	仪表的动力源如果同时发生故障时将会出现何种危险状态？	
	2	在所有仪表都发生故障时，系统自动防止故障的能力如何？	
	3	在对系统中的部分仪表进行检修时，如何保证系统的安全操作？	
	4	对过程安全有直接或间接影响的重要仪表，如果达到安全运行状态的时间过慢，是否采取了措施？	
	5	每一种重要的仪表控制装置是否采用了完全不同方式操作的独立的仪表或控制装置作为后备？	
	6	特别危险的工艺过程，是否采用了两种控制方式并以最终安全停车作为后备？	
	7	整个装置的过程安全功能仪表与过程控制功能仪表是否进行了综合考虑和整体设计？	
	8	气候引起的温度、湿度变化对仪表会产生何种影响？	
	9	液位计、仪表、记录装置等的读数是否易于辨识？采取了何种改善措施？	
	10	对玻璃视镜、玻璃管液面计以及其他装置发生损坏而使内容物逸出的情况，有无防护措施？	
	11	怎样检验仪表系统是否正确安装？正确接地？符合环保要求？	
	12	是否编制了仪表功能的测试和校验程序？测试和校验的结果如何？	
	13	是否制订了定期检查的计划，对仪表的功能和潜在的故障进行检查？	
误操作	1	进料供应不足会造成什么危险？同时有二股或多股进料发生供应不足会造成什么危险？	
	2	每一种公用工程供应不足会导致什么危险？同时有二股或多股公用工程供应不足会导致什么危险？	
	3	在各种可能导致事故的事件中(包括各种看似合理的功能故障，组合在一起，就可能构成最严重的事件)哪些是可想象的最严重的事件？	
	4	潜在的溢出或溅出是什么？溢出或溅出会产生什么危险？	
总平面布置	1	设备间距和布置是否满足相关规范的要求；是否方便操作期间进行预期维修而不危及工艺过程？	
	2	万一发生可预见的泄漏事故，对周边居民造成的危害及影响程度？	
	3	废水、废渣等废物倾倒进邻近的下水道存在什么危险？	
	4	喷雾、烟雾、雾沫、噪声等会产生什么公共危害？如何控制或减少？	

附表 7－2　作业场所、区域安全设计检查提纲表

检查项目	序号	检查内容	检查结果
项目地址位置	1	消除火灾、爆炸、噪音、大气和水流污染对邻区或来自邻区的的影响已作了哪些考虑？还存在什么问题？	

续表

检查项目	序号	检查内容	检查结果
项目地址位置	2	厂区内外的交通道路能满足大型设备运输和吊装以及紧急抢险、救援车辆通行的需要吗？	
	3	铁路、公路发生拥堵会造成厂区内抢险、救灾通道的阻塞吗？	
	4	厂区内的道路设计是否避免了急转弯？是否有清晰的交通标志？	
	5	厂区内供设备吊装用的“吊装区域”是否满足要求(尤其是对于大型设备)？	
建筑和结构	1	楼梯、平台、坡道及固定梯子的设计遵循何种标准？	
	2	有足够可供利用的安全出口和逃生通道吗？有可供选择的房顶逃生措施吗？逃生通道对逃生的人能提供哪些保护？操作通道、以及操作通道与逃生通道的衔接是否畅通？	
	3	是否提供充足的照明和应急照明？	
	4	门窗的设置和开闭会不会妨碍走道和出口？	
	5	根据危险情况发生的可能性和后果的严重性，对重点装置结构应进行抵抗偶然作用能力的结构设计吗？	
操作区域	1	各种蒸汽、水、空气和电气设备的接口或插口是否保证走廊和操作区域不会有软管和电缆？	
	2	对危险有害的烟雾、蒸气、灰尘及剩余热量是否配置了通风设施？	
	3	在生产过程中有没有设置处理原料和生成产品的临时仓库？	
	4	有潜在火灾和爆炸危险的区域，控制室是否采用独立的结构？如果不是，控制室的窗户尺寸是否最小并安装了层压安全玻璃？	
	5	是否提供多条逃离至安全场所的逃生路线？	
	6	若需要，提供何种压力放空场所？	
	7	平台提供设备安全检修的安全距离吗？	
	8	管口和人孔尺寸的大小和方位适合安全吹扫、检修操作及容器中人员紧急撤离吗？	
	9	提供何种防护措施防止接触热表面？	
	10	走道及工作区域的顶部高度合适吗？	
	11	电动设备的监视和防护是否适当？	
	12	手动操作的阀门、开关和其他的控制器能方便操作工从安全的位置进行操作吗？	
	13	放空位置是否适当？包括液体在内的排放会不会对人员，公众或财产造成危害？系统内所有排放口是否都在可能出现的最高液位的上方？	
	14	是否可以使用手动葫芦？如果采用电动葫芦，是否配有安全吊钩、限位开关？	
	15	电梯上是否配备电梯井门联锁和车门触点？双开门上有安全圈线吗？	
	16	是否尽量采用机械方式而不用手工方式处理化工原辅材料？	
	17	是否提供了紧急淋浴房和软管型洗眼器？	
	18	可燃液体储罐是否提供了安全贮存和安全配送场所？	
	19	危险工况区是否有两个以上的安全出口？	
	20	过度噪音操作的场所采取何种措施将噪音水平降到到安全范围？	
	21	生产区或实验室有安全出口吗？	
	22	为停车配备正电压切断设施了吗？	

续表

检查项目	序号	检查内容	检查结果
装卸场地	1	场地的道路敷设是否能保证人员，车辆及紧急设施的安全通行？	
	2	铁路拖车绞盘控制站是否能完全避免钢丝绳断裂的袭击？怎样防护操作者被钢丝、绳索、绞盘钩住、卡住、夹住？	
	3	在装运平台装卸可燃液体的储罐运输车辆是连接在一起还是接地？	
	4	装运平台是否为进入工作区域的储运车辆提供安全措施？	
	5	在铁路货车和卡车顶部工作的人员是否有防高空坠落的安全措施？	
	6	需要到储罐顶部进行测量或放空维修的人员有安全通道进入储罐的顶部吗？	
	7	行走通道和工作区域是否有足够的采光和空间高度？	
	8	装卸场地的照明满足需要吗？	

附表 7-3　防火安全设计检查提纲表

检查项目	序号	检查内容	检查结果
防火安全设计	1	如果建筑物有封闭式外墙并且室内物品和建筑结构都是可燃的，采用哪种自动喷水灭火系统(湿式或干式系统)？	
	2	如果建筑物有敞开式外墙并且室内物品和建筑结构都是可燃的，需要提供多少喷淋式消防用水(感温探测系统 HADs，或导向头感温探测系统)？	
	3	已用于本地区或本项目的是哪种消防栓？还准备新增哪种消防栓？	
	4	采用哪种固定式或可移动式的遥控消防炮(在消防栓或分离器上)是否可以覆盖全部空旷场地上的生产设施或储存设施(不在敞开式外墙或封闭式外墙的建筑物内)？	
	5	消防供水总管可以延伸或形成环路为新增的自动喷水灭火系统、消火栓和水炮系统提供消防给水吗？是否避免死端？已提供那种分区控制阀？	
	6	在建筑物内是否配备了室内消防水箱？	
	7	需要配备哪种类型、哪种规格的灭火器？需要多少？位置在哪里？	
	8	已提供了哪种可燃液体储罐的保护措施？是泡沫灭火器吗？是否带有外部排放阀的防火堤？	
	9	何处配置有“淹没”式气体灭火系统？	
	10	暴露在可燃液体或气体火灾潜在危险环境中的承载钢结构，为了远离火灾的威胁，离地平面的高度足够吗？	
	11	怎样配备足够多的排泄口将外泄可燃液体和灭火用过的消防水排出建筑物、储罐和工艺设备？	
	12	已为粉尘危险提供了哪些保护措施？	
	13	消防水泵的供水能力是多大？需要的消防水最大供水量是多少？满足最大消防水供水量的供给时间有多长？	
	14	可燃液体储罐之间的间隔距离是多少？	
	15	估计可能发生的最大损失是多少？	

续表

检查项目	序号	检查内容	检查结果
防火安全设计	16	生产设备一旦遭到可燃液体闪爆破坏，容器内大约有多少残留可燃液体需要拦截？	
	17	对工艺设备免受外部火灾威胁给予充分注意了吗？	
	18	液体库存罐的安装位置是否靠近地平面或地平面以下？抑或相反，采用了高位槽？	
	19	为了排出从工艺设备溢出的液体，操作间地面作了哪些处理？采取了哪些排液措施？	
	20	主要的存储罐和容器怎样布置，以使一旦发生破裂和燃烧，对工艺设备的危害降到最低？	
	21	对于可能导致重大财产损失的建筑物、高危操作和对连续生产有重要影响的单元，其建筑结构是否采用了防火材料、防火墙、隔火墙、挡土墙？	

附表7－4　公用工程系统安全设计检查提纲表

检查项目	序号	检查内容	检查结果
公用工程系统安全设计	1	全厂供电系统分析，包括：供电电源的可靠性，变配电容量和系统的可靠性，应急事故电源的必要性，不间断电源的设置等	
	2	全厂供水系统分析，包括：供水水源的可靠性，输配水系统和储水池的设置，消防水源和消防水系统的可靠性，循环冷却水系统供水可靠性等	
	3	全厂仪表风和压缩空气系统分析，包括：空分装置能力和储气罐容量，输配气系统的设置，不间断供气设施的设置等	
	4	全厂火炬和泄压排放系统分析，包括：全厂停电、停水、停气等事故时各装置和全厂的火炬排放量、最大火炬排放负荷量分析，火炬设计能力的确定，泄压排放管道系统设计等	
	5	全厂外管系统分析，包括：系统管路阀门仪表和装置单元阀门仪表设置原则等	

注：检查清单中的条目不仅应考虑稳定状态的操作，还应考虑开车、停车以及任何可以想得到的异常情况。

附件8　基本建设项目全过程风险措施表

工作分解		主要风险因素	主要影响目标	风险对策	应对措施
设计	建设单位	设计单位选择	质量、进度、投资、HSE	回避控制	严格进行资质、能力、经验等方面审查，优选设计单位，回避不合格设计单位；采用综合评标法评审，重点审查技术方案的先进性、经济性以及报价的合理性，重质量轻费用，优选具有同类项目设计经验、流程选择先进、报价合理、主要设计负责人的资格能力强的设计单位
		工艺流程选择	投资、进度	控制	专家论证、考察选择先进、合理的工艺包、工艺流程
		关键设备选择	质量、进度、投资	控制转移	严格进行资质审查，建立合格供应商网络，并考察、比选，招标优选技术先进、经济合理、服务好的供应商的设备，并进行保险
		设计二次条件	进度	控制	具备条件及时组织关键设备订购，加强跟踪、监造管理，及时反馈设计参数条件
		设计费用、设计周期	质量、进度	控制转移	加强管理，评标时不过分追求价格高低；给出合理的设计时间
		勘察资料	质量、进度、投资	控制	设计单位要提供出详尽的勘察要求，选择资质能力强的勘察单位勘察，避免勘查数据错误或遗漏以及坐标点、高程点资料不准确或错误，影响设计
		意图、标准变更	质量、进度、投资	控制	严格进行多方案比选、审查，一旦确定最终设计方案，不能随意进行变更
	设计单位	设计文件完整性	质量、进度、费用、HSE	控制	严格审查，保证设计文件的功能性、可信性、安全性、可实施性、适应性、经济性、时间性，各专业设计协调合理，符合规定的深度和数量，签字盖章完整、清晰，安全、环保、职业卫生等相关设施必须保证同时设计，并符合国家、地方法律法规要求
		勘查数据、资料	质量	控制回避	严格执行建设程序，杜绝无勘察设计、勘察数据不清设计
		规范标准引用	质量、HSE	回避控制	严格审杳设计标准规范的使用，严禁使用淘汰废弃标准，加强审核、校对环节，严禁违反法律、法规、规范、标准设计
		总图布置	费用、HSE	控制	根据工艺流程，科学合理布置，避免不必要的投资浪费，同时必须符合工业安全、消防、卫生设计规范和规定要求，不留安全隐患
		设计标准	进度、费用	控制	严格执行限额设计，推广标准设计，工艺技术、设备、材料均应先进、可行

续表

工作分解		主要风险因素	主要影响目标	风险对策	应对措施
设计	设计单位	项目经理	进度	回避 控制	选用业务能力强、同类工程设计经验丰富的设计人员担任项目经理，设计过程中加强对项目经理考核、审查，及时更换不合格项目经理
		安全系数	质量、费用、HSE	控制	根据工艺条件适当选择建筑结构、关键材料材质、设备选型，保证一定的安全系数，避免过于保守造成费用增加，又不能留下质量、安全质量隐患
		主要设计人员能力	质量、进度	控制	严格审查主要设计人员（结构、建筑、工艺主项、设备等）资质证书、业绩经验、责任心
		专业间配合	质量、进度、费用	控制	完善内部信息协调、沟通，建立定期会议制度，加强审核、校对环节
		审核校对	质量、进度、费用	控制	建立审查、校对制度，选择业务水平高、经验丰富设计人员参与校对审核，重点错、误、漏、缺等问题，必要时，选择资质合格的咨询公司进行外审或设计单位之间互审
		HSE 设计	质量、HSE	控制 回避	严格按照国家强制标准严格设计，禁止不合理的设计、不合理的布局，必须满足防火、防尘、防毒、防辐射、防噪音、防污染、防爆、防雷、防静电等设计规范的要求，严格审查设计文件，保证安全设施、消防设施、废水处理、废料处理、防噪声、防辐射、职业卫生设施等设计齐全、可靠
		工程设计	质量、进度、费用	控制 回避	通过比选，合理选择工艺设计，杜绝选用淘汰的生产工艺和不成熟的流程、方案、关键设备、材料，优选选用节能、新型、新技术，但应慎用特殊技术、专利/专有技术选用，避免因设计错误、疏漏、不充分、不完善或估计不准造成项目失败
		设计管理	质量、进度、费用	控制	建立健全设计内部管理制度，建立协调会议制度，明确设计分工、合理安排计划、统一设计标准，重点加强专业间协调沟通
招投标	工程招投标	承包方式	质量、进度、费用	控制	根据工程规模、工程特点、工程性质以及业主合同管理能力以及工程管理能力，确定工程管理方式、发包方式；合理选择合同类型：单价合同、总价合同；认真编制招标文件和合同文件，选用标准合同条款，尽可能用文件和合同条款来规范招标工作及合同管理工作，避免合同纠纷、争议
		施工队伍选择	质量、进度、费用	控制 回避	严格通过招标选择信誉好、有较强技术、管理水平高、报价合理、工期短、经济力量和施工设备能力的单位承担施工建设；合同履行阶段，严格检查现场管理人员、作业人员是否按合同约定派驻，避免合同签订承包方与具体施工单位不符的风险；回避资质不合格的承包队伍。对施工分包严格审查，避免违法分包、肢解分包或选择能力差的分包队伍

续表

工作分解		主要风险因素	主要影响目标	风险对策	应对措施
招投标	工程招投标	监理单位选择	质量、进度、费用	控制	监理工作是一种服务，选择时应注重管理水平和经验，而不是投标价格，必须通过招标选择信誉好、有较强技术力量和工程项目管理经验丰富的监理单位承担
		招投标方式	质量、进度、费用	控制	工程招投标及招投标程序必须符合相关程序性规定，必须具有合法性、可操作性及目的性；根据工程规模、特点、性质以及自身招投标管理能力，即相关技术、经济和管理人员和编制招标文件、审查投标单位资质、组织开标、评标、定标的能力，合理确定招标范围和招标方式；公开招标资格预审及评标工作量较大，费用支出多，耗费时间长的风险，也可能因对中标单位可能不了解而导致的今后协调困难风险和合同履行中承包商违约的风险：邀请招标风险可以有效地减少招标工作量、节省招标费用开支和缩短招标时间以及降低合同履行中承包商违约的风险，但限制了竞争范围，失去了可能获得更低报价、技术上更具竞争力的潜在承包商的机会。因此，必须合理选择招投标形式，对于公开招标，应严格对投标单位进行资格预审，认真考察投标人的技术、经济和管理等综合实力，侧重于其总体能力是否适合招标工程的要求，强化资格预审，必要时进行考察
		评标	质量、进度、费用	控制 回避	科学制定工程标底，评标时以评标价最低，而不是以投标价最低为准选择承包商；评标主要应考虑业绩和信誉、施工管理能力、施工组织设计和投标报价4个方面，并以百分制计分择优录用承包商：杜绝未取得建筑施工企业资质或者超越资质等级参与投标
	合同签订	合同文本方式选择	质量、进度、费用	控制 转移	合同文本必须具有合法性，合同的签订不得违反国家强制性规定，否则合同无效，工程合同应使用合同示范标准文本．确保公正合理，规避风险；合同条款应完整，叙述严密，无漏洞，不允许有违法条款，避免条款不完善产生的风险：合同签订应本着风险或效益由具有承担能力一方承担或享受的原则，同时进行工程保险
		条款书写	质量、进度、费用	控制	合同条款书写必须语言表达严密，防止或减少争议，不能给工程索赔留下隐患；避免合同条款遗漏、签证索赔不明确情况，杜绝合同条文不完整或隐含潜在的风险；工期约定应明确、质量标准约定清晰、合同价款约定明确；发包方对现场工程师授权约定要明确，避免约定不明造成该工程师不当行为给发包方带来难以预料的风险
		工程款支付	进度、费用	控制	发包方应依据合同约定及时一支付工程款(预付款、进度款、竣工款、索赔价款及合同以外零星项目工程款)
		责任划分	质量、进度、费用	控制	责任义务应本着公平合理，责、权、利平衡的原则，合理的风险分配原则，从工程整体效益的角度出发，最大限度地发挥各方面的积极性
		HSE条款	进度、费用、HSE	控制 转移	在签订工程主合同的同时签订HSE合同，明确各方责任，落实应急预案、应急措施

续表

工作分解		主要风险因素	主要影响目标	风险对策	应对措施
施工准备	建设单位	场地提供	进度、费用	控制	建设单位应及时办理工程占地征用(包括临时占地、占道)手续，确保费用和时间，避免给工程项目成本和工期带来的损害，及时处理地上、地下构筑物及各种管线搬迁拆除工作，保证及时向承包商移交施工场地，及时办理施工场地内树木的移植、更新、砍伐工作，避免因场地提供不及时影响工期、产生索赔
		水电气条件	进度、费用	控制	及时办理临时供水、供电工程相关手续，并确保供应量
		开工手续	进度、费用	控制	及时准备好相关立项、批复等文件，与政府部门协调办理开工手续，避免中请审批、审核手续的延误带来的索赔风险
		质量监督手续	质量、进度	控制	依据项目建设程序，及时收集相关各方资料，与质量监督部门协调，办理质量监督手续
		资金准备	进度、费用	控制	定制可行的资金计划并保证资金及时到位，避免因资金不及时到位影响进度，造成额外索赔
		建设单位组织机构	进度	控制	组织技术能力、责任心强的项目管理人员组建项目管理机构，协调解决实施中存在的问题
		总体部署	进度	控制	组织精干力量，针对项目特点，编制总体部署，明确质量、进度、投资、HSE目标，制定可行措施，保证工程按计划完成
		设计文件资料到位情况	进度、费用	控制	落实责任，明确职责，成立专责部门，落实责任人，负责联络设计根据现场进展协调图纸出图时间并加强发放环节管理工作，保证图纸及时到位，满足工程开工和过程需要
		入场人员HSE教育	HSE	控制 回避	加强人员管理，及时对参与项目建设各方(监理、施工、供应等)的管理人员、作业人员进行HSE教育，使其了解建设单位的特别要求以及国家的相关管理规定，特别是流动性较强的作业人员，不能胜任或有不良记录人员严禁进入现场
		综合图纸会审	质量、进度、费用	控制	具备条件，及时组织设计、监理、施工等各单位对设计文件进行综合审查，重点是对比初步设计进行复合性审查以及各专业间的协调性审查，减少因设计文件差错影响进度、质量，造成窝工、返工费用支出
		采购风险	质量、进度、费用	控制 转移 回避	甲供设备特别是特种设备，应根据项目总体进度安排尽早编制采购计划，完善采购计划技术参数；合同谈判时避免重价格轻质量，避免采购劣质产品；合同供货范围责任界面应清晰、质量要求明确，避免合同条款不合理产生索赔，影响进度；对于供货期周期过长或进口设备应办理保险

续表

工作分解		主要风险因素	主要影响目标	风险对策	应对措施
施工准备	监理单位	监理规划、细则、制度	质量、进度、费用	控制	监理项目部必须按监理合同规定针对项目特点由总监理工程师组织及时编制监理规划及各专业细则，建立健全监理现场管理制度
		人员、设备	质量、进度、费用	控制	监理单位按合同约定的配备人数及名单全部到位，配备足够数量的监理设备；过程中严格考核监理人员能力、素质，及时更换不称职人员
		施工方案审查、审批	质量、进度、费用	控制	监理工程师应认真审查、审批施工单位提交的施工方案，重点针对总图布置、人员配备、机械配备、技术措施等的准备情况进行审查，特别是施工承包单位的质量保证体系是否完善、各种计划是否切实可行，并能满足工程质量和工程进度的要求；应严格审查分包商资质能力
		图纸会审	质量、进度、费用	控制	全面熟悉合同文件、有关标准及测试方法，及时组织相关单位进行各专业图纸会审，及时发现相关文件图纸存在的差错、遗漏、含糊不清等问题
		开工令	进度、费用	控制	严格审查各方开工准备情况，具备开工条件，监理部应及时发布开工令
	施工单位	组织准备	进度	控制	建立健全施工现场管理制度，依据合同承诺建立精干高效的项目管理组织机构，配备足够的管理人员和技术人员
		技术准备	质量、进度、费用	控制	有针对性合理编制施工组织设计，主要内容应包括施工方案、组织体系、质量保证体系、安全体系、安全保证措施、环保措施、进度计划、材料进场计划、人员及机械计划、施工平面布置图、测量仪器、标准试验准备等；施工方案应反映施工组织及施工办法，充分使用人力和设备，贯彻合同条件及施工技术规范，真实、可行、符合实际、清晰、明了；重大施工方案(如大型设备吊装等)应单独编制，严格审批
		人员准备	质量、进度	控制回避	根据项目整体进度安排，储备足够的技术人员和作业人员，特别是特殊工种作业人员以及力工配备计划，同时针对工程特点对作业人员进行必要的培训教育和交底，不具备资质人员严禁入场
		机具准备	进度、质量	控制	编制大型机具设备进场计划，合理调配机具的使用，同时确保机具性能满足工程需要
		图纸会审	质量、进度、费用	控制	施工技术人员应对设计图纸和数据进行内部会审和必要的复查核对，及早发现图纸差错、漏缺项，减少变更
		定位放线	质量	控制	对建设单位提供的原始基准点、导线点的坐标值和基准标高的数据应进行复核并妥善保管
		实验室	质量	控制	建立工地试验室，编制检测检验实验室制度，配备足够合格的专业人员和必备的试验仪器，以保证满足现场检测需要

续表

工作分解		主要风险因素	主要影响目标	风险对策	应对措施
施工过程	建设单位	工程变更	质量、进度、费用	控制自留	加强方案阶段、设计阶段审查，方案一经确定，严禁随意增加工程内容、随意变更关键工艺指标、随意提高标准；对于设计漏项、图纸错误、规范有误、设计料单有误等情况及时发现及时处理；加强设计文件的审查，未经审查的设计文件严禁使用；加强变更管理流程，严禁施工现场私自变更，无论是设计单位、施工单位、监理单位还是业主提出的设计变更，必须经监理和业主确认、认可，由原设计单位审核后出正式设计变更，并详细分析变更前后的成本变化，杜绝不合理的设计变更
		动用时间	进度、费用	控制自留	严格按总体计划组织实施，避免全部或部分项目提前动用、拖后接受
		业主代表	进度	控制回避	安排责任心强、业务水平高、组织协调能力强的管理人员作为现场代表，避免因组织协调、指令不及时或错误对工程进展带来负面影响；对于不称职人员坚决更换
		工程支付	进度、费用	控制	按总体资金计划，严格审核进度报表，及时兑现预付款、过程进度款的支付时间和额度，避免引起索赔，影响项目整体进度
		过程验收	进度、质量	控制	及时参加现场验收，特别是隐蔽工程验收，并做好记录
		环境因素	质量、进度、费用、HSE	转移自留控制	强化地质勘探工作管理、认真收集地下障碍物资料、及时办理动土等相关手续、预留足够不可预见费、及时工程保险
		监理授权	进度	控制转移	合同签订中明确监理责任、权利并及时与相关方进行通报，存监理人自身故意等原因造成的损失应由监理单位承担相应责任
		设备材料	进度、质量	控制转移	甲供材料设备应及时提出采购计划并保证准确，及时组织采购；完善合同管理，保证到货时间、地点、数量、型号、技术参数满足设计要求；加强现场运输、存放管理制度，避免存储、运输及二次搬运不当造成货物破损和丢失；明确管理责任，各负其责
		外部协调	进度	控制	完善项目信息沟通网络，加大外部协调力度，及时解决现场问题
		现场签证	进度、费用	控制自留	完善签证管理制度、流程，及时确认现场签证的范围、内容，保证签证的时效性、准确性、合理性；预留一定量准备金用于支付签证费用
	设计单位	图纸资料	质量、进度、费用	控制	完善设计管理制度，建立设计联络制度，定期召开现场设计联络会议，及时派驻现场设计代表．及时解决现场出现的设计问题；准确、及时提供现场施工所急需图纸、变更
		交底、会审	质量、进度、费用	控制	建立设计交底、会审制度；施工前严格组织图纸审查和设计交底，使施工技术人员全面了解设计意图及实施中需注意的事项；对于设计问题做好信息记录和反馈

续表

工作分解		主要风险因素	主要影响目标	风险对策	应对措施
施工过程	设计单位	参加过程验收	质量、进度	控制	设计人员及时参加过程验收，确认是否满足设计意图、是否达到设计及规范要求，避免留下隐患，返工影响工期，造成浪费
	施工单位	人员	质量、进度、费用、HSE	控制 回避	加强人员资质管理，重点控制施工单位管理者的组织能力、项目控制能力、质量监控力度，操作者文化理念、职业道德、精神状态、技术水平，特殊工种作业人员的资质、水平、经验、能力、数量必须满足施工要求需要；严格过程中人员流动性管理，建立人员档案，挂牌上岗，对于出现质量等事故人员建立黑名单，清除现场；加强人场人员化工装置安全技能培训及关键作业环节交底工作，人员在数量和素质上能否动态地满足施工需要
		设备、材料	质量、进度、费用、HSE	控制 回避 转移	根据施工现场情况及时调配纵织足够数量并确保机具设备性能完好；完善质量保证体系，保证提供的辅助材料供应及时，材料的数量、型号及技术参数准确无误，质量合格；及时验收甲供原材料半成品构配件、器材、生产设备、工程设备并认真保管；明确现场治安管理职责，加强现场保卫工作，各负其责，对于关键贵重材料、设备、机具重点管理，防止被盗和破坏
		施工工艺	质量、进度	控制	施工前必须认真编制施工组织设计、施工技术方案以及安全措施方案，严禁使用落后、不合理的施工技术和方案，对于应用新技术新的方案要有应急措施，合理安排施工工序，充分利用空间、时间，保证工期计划的实现；避免因施工工艺不合理、技术方案不可行、采用不成熟技术或对于新技术不完全掌握而造成工期、质量、安全、成本无法控制，影响目标实现
		环境因素	进度、费用、HSE	控制 转移 自留	1. 管理环境：加强对总承包商协调能力的考核，避免因各分包商能力不足，相互配合不及时、不到位影响项目建设；加强施工现场生活管理，避免因管理不善出现瘟疫、传染病及施工人员食物中毒等现象；对于管理水平低、经验不足的管理人员不得任用；完善内部管理制度，避免因内部制度不完善、领导班子配合不合理、落实措施不严格、现场秩序安排不合理、施工准备不充分、影响项目正常开展；严格项目分包管理，避免因分包商过多工作协调难度大；完善内部奖罚制度，提高员工积极性。 2. 自然环境：认真研究设计文件，全面熟悉地质、水文、气象等信息，并做好各种突发事件应急预案；进行工程保险。 3. 作业环境：加强现场管理力度，充分合理利用场地、时间、空间、交通道路；加强检查，保证施工用供水、供电、照明完好
		过程资料	质量	控制	制定过程资料管理、检查制度，督促检查承包单位及时编制、整理过程资料并保证真实性，隐蔽工程资料、见证影像资料必须多方确认、签证并认真保存
		HSE	质量、进度、费用	控制	建立健全HSE管理制度，认真全面识别HSE风险，分析并制定预防对策及应急预案；认真、及时办理各种票、证、书；对作业人员进行HSE知识教育，使其掌握一定的HSE知识和技能，组织应急预案演练；作业施工方案应有HSE风险应对措施并严格审批执行；监督检查承包单位对作业人员保险情况；施工排水、废弃物排放、噪音等必须严格按环保部门规定及当地管理规定执行，采取必要的措施，严禁随意排放、实施

续表

工作分解		主要风险因素	主要影响目标	风险对策	应对措施
施工过程	监理单位	人员资质	质量、进度	控制	对照合同，严格检查、考核进场监理人员实际能力水平、学历、专业经验、年龄、健康、责任心等，对于不符合要求的人员禁止进入，及时更换
		标准规范	质量	控制	监理单位须配备齐全最新版标准、规范，并及时更新、宣贯
		监理程序	进度	控制	完善监理工作程序，严格依据建设工程监理条例和监理合同实施具体监理工作，严禁超权限审批、越权发布指令
		监理指令	质量、进度	控制	按照监理条例程序，依据监理合同授权，及时发布相关指令，避免因指令失误、不及时产生索赔，影响项目开展，严禁越权发布指令
		监理制度	质量、进度、费用	控制	建立健全监理部工作制度和人员考核制度，加强人员管理、考核，依据建设程序和监理条例工作
		过程资料	质量	控制	认真监督、督促、检查施工单位形成的过程同步资料，同时及时完善监理日志、日记等记录及见证文件
		过程验收	质量、进度	控制	及时检查、监督实施过程，参加过程验收，对于发现的质量、安全隐患应要求施工单位及时整改；同时根据施工进展同步检查过程资料以及现场签证文件
验收调试	三查四定	验收组织 查质量隐患 施工尾项 设计漏项 HSE 项目情况 落实责任	质量、进度	控制	1. 建立健全验收管理制度，严格按照验收制度、程序执行，具备验收条件及时组织有关部门进行验收。 2. 组织邀请有经验的设计、施工、监理、生产、质量监督等各单位专家、技术人员，依据设计图纸，分组、分专业对完成的建设内容进行排查，汇总并形成质量隐患清单、剩余尾项清单、设计漏项清单、HSE 隐患尾项清单。 3. 对于查找出的问题，落实整改任务、措施、人员和时间，保证不留任何隐患、不影响正常进度、不发生额外的费用
	吹扫打压	方案落实 责任分工 管线核查 打压包确定、吹扫 设备机具落实 结果检查	质量	控制	1. 管线核查是管线试压前的必要工作，管道试压试验前必须进行完整性检查并确认合格。 2. 管道核查必须依据管道系统图、管道平面图、管道剖面图、管道支架图、管道简易试压系统图等进行，主要检查、核对已安装的管道、设备、管件、阀门等是否符合施工图纸要求。 3. 具体方法为：作业人员对施工的管线按设计图纸自行检查；然后，施工技术人员对试压的系统每根管线逐条复检；最后，监理单位、业主进行审检、质检。检查的内容分硬件和软件两部分。硬件检查是检查现场安装的管道型号、规格、材质、座标、标高、阀门的流向、手柄的方向、支墩、支吊架的型式、位置、管道的坡度、垂直度、水平度是否符合设计要求和规范标准；对管道的焊接也应进行全面检查，主要包括管道焊接工作是否已完成，无损检测是否合格，需热处理的焊口是否已处理，不锈钢焊口是否已经酸洗钝化等。软件检查是检查管道安装记录和焊接记录是否正确完整，各种记录表是否已签证确认等。

续表

工作分解		主要风险因素	主要影响目标	风险对策	应对措施
验收调试	吹扫打压		质量	控制	4. 试压前，应根据工艺流程图编制试压方案，根据压力等级确定试压包，理清试压流程、步骤及试压各项安全技术措施，并做好了技术交底，试压方案应包括试验的方法、试验压力、试验介质、试验过程的控制及试验检验的方法；试压前必须确认系统的管道支、吊架的型式、安装位置与设计是否相符，数量、紧固程度、焊接质量是否合格：试验用压力表应经检定，量程、精度等级、数量满足规范要求：已安装的设备、仪表、安全阀、爆破片等不能一起参与试压的要加置盲板隔离，并有明显标志。 5. 液体压力试验时，必须排净系统内的空气，按方案、规范分级缓慢升压，达到试验压力后停压10分钟，然后降至设计压力，停压30分钟，不降压、无泄漏和无变形为合格。 6. 系统吹扫前应确认压力试验完成，已制定吹扫方案及有效的安全措施，方案须经业主和监理审批。 7. 吹扫前，系统中节流装置孔板必须取出、调节阀、节流阀必须拆除，用短节、弯头代替连通。 8. 用蒸汽吹扫的管道在吹扫前应进行检查确认支、吊安装完好，保证安全。 9. 吹扫结果应根据洁净度或打靶报告确认，确保无铁锈、尘土、水分、杂物等。 10. 系统验收阶段是管道安装工程最终全面的检查，施工单位自检合格后报验，监理组织进行系统验收。 11. 验收重点依据图纸检查重点施工内容、工序，如：管道补偿装置、支吊架、安全附件、安全阀、焊接成型、静电接地、吹扫试压、防腐保温等关键工序的实体质量以及相应的同步资料情况
	试车	准备工件	质量、进度	控制	确认公用工程条件（水、电、气、油等）满足试车条件；已有编制完成的试车方案并经审批；试车组织机构建立完成；相关设备等资料齐全；试车人员已进行交底，掌握试车要求
		单机试车	质量、进度、费用	控制	首先检查确认安装质量是否符合设计标准，邀请设备供应厂家到场，配合并讲解注意事项，试车人员要熟悉设备使用说明书，严格按规定执行，避免因试车操作失误，造成设备损坏，影响工期，增加费用；试车时间应满足规程要求，避免隐患不能发现；检查项目应齐全（震动、温度、噪音等），同时做好试车记录并多方确认
		联动试车	质量、进度、费用	控制	根据工艺流程，划分好联动试车系统单元；确定联动试车条件满足要求，制定联动试车方案并审批：确认工艺流程是否打通并符合设计要求，电气、仪表、设备、控制系统、联锁、管道、阀门的性能和质量满足工艺要求，工艺参数设定正常，控制方案、报警系统、消防系统工作正常

续表

工作分解		主要风险因素	主要影响目标	风险对策	应对措施
验收调试	工程验收	中间交接	进度	控制	工程全部按设计文件实施完成后，建设单位项目经理部应及时组织参建各方中间交接验收，及时将工程管理权、使用权转交交生产系统，生产系统提前介入进行试生产及生产准备，加快项目整体进程
		资料、图纸	质量	控制	建立健全图纸资料管理制度，成立工程验收组织机构，中间交接完成后，及时组织参见单位收集、整理建设资料，严格检查过程资料、竣工图的完整性、准确性、可靠性
		工程交接	质量、进度	控制	工程交接是承建单位完成工程实施内容的标志，也是全部施工成果的管理责任的移交，工程交接手续需及时办理，监理单位、建设单位、设计单位、质量监督单位应认真审查、确认，避免由于交接时机不当、内容不清引起索赔
竣工验收	专项验收	环保验收 消防 安全设施 职业病防范设施	进度、HSE	控制	在正式投料生产前，建设单位必须及时邀请有关主管部门进行相关专项验收并出具验收文件：对于检查中发现的问题，必须及时整改，重新组织验收，达到符合设计文件及相关法律法规，未经验收合格严禁投产使用
	档案验收	档案内容	质量	控制	工程完工后，竣工档案是唯一具有可追溯型的完整的工程资料，必须建立健全档案管理制度，严格核对档案资料的完整性、真实性，过程同步影像资料的真实性、可用性，认真核对批复、依据文件是否齐全、完整以及监理总结、施工总结、生产总结、采购总结等单项总结是否齐全，符合规定
		格式标准	质量	控制	严格检查资料用纸张类型、装订格式、签字格式等是否符合档案管理规定，应保证便于查阅和长期保存
		资料内容	质量	控制	资料内容应目录齐全，竣工图准确、规范，图文清晰，内容准确、可靠，签名真实、规范，签字手续完备
		归档时间	质量	控制	依据档案文件管理规定，交工后及时组织归档验收，避免因各方临时保存不当影响资料完整性
	审计决算	决算审计	费用	控制	1. 完善内部审计考核制度管理，健全职责分工与授权批准、项目决策控制、概预算控制、支付控制、决算控制和监督检查等内部控制措施，工程完工后应及时按照竣工决算规定办理竣工决算，并保证内容准确完整。 2. 加强审计工作的事前、事中、事后的全过程控制，全过程参与，并做好审计前的准备工作，充分发挥监理单位等外部力量的控制作用，做好层层把关。 3. 提高内部审计人员素质、责任心或选择资质水平高信誉好的审计单位负责项目决算审计
	保修	质量保证	质量、费用	转移	及时签订保修合同或进行保险

附件9 引用法律、法规、标准和规范

序号	名 称	备 注
1	中华人民共和国安全生产法	
2	中华人民共和国建筑法	
3	中华人民共和国招投标法	
4	中华人民共和国消防法	
5	建设工程安全生产管理条例	国务院令第393号
6	建筑安全生产监督管理规定	建设部令第13号
7	建设工程质量管理条例	国务院令第279号
8	建设工程施工现场管理规定	建设部令第15号
9	建设工程监理规范	GB 50319—2000
10	石油化工建设工程监理规范	SH/T 3903—2004
11	生产安全事故调查报告和调查处理条例	国务院令第493号
12	特种设备安全监察条例	国务院令第549号
13	民用爆炸物品安全管理条例	国务院令第466号
14	危险化学品安全管理条例	国务院令第591号
15	实施工程建设强制性标准监督规定	建设部令第81号
16	企业安全生产标准化基本规范	AQ/T 9006—2010
17	职业性接触毒物危害程度分级	GBZ 230—2010
18	生产性粉尘作业危害程度分级	GB 5817—1986
19	国家电气设备安全技术规范	GB 19517—2009
20	建筑灭火器配置设计规范	GB 50140—2005
21	建筑施工组织设计规范	GB/T 50502—2009
22	个体防护装备术语	GB/T 12903—2008
23	生产经营单位安全生产事故应急预案编制导则	AQ/T 9002—2006
24	企业职工伤亡事故分类标准	GB 6441—86
25	安全验收评价导则	AQ 8003—2007
25	建设项目(工程)劳动安全卫生监察规定	劳动部令第3号
27	危险性较大的分部分项工程安全管理办法	住房和城乡建设部建质[2009]87号
28	建筑施工安全检查标准	JGJ 59—2011
29	石油化工安装工程施工质量验收统一标准	SH/T 3508—2011
30	石油化工有毒、可燃介质钢制管道工程施工及验收规范	SH 3501—2011
31	石油化工钢结构工程施工质量验收规范	SH/T 3507—2011
32	大型设备吊装工程施工工艺标准	SH/T 3515—2003
33	石油化工隔热工程施工工艺标准	SH/T 3522—2003
34	石油化工给水排水管道工程施工及验收规范	SH 3533—2003
35	自动化仪表工程施工及验收规范	GB 50093—2002
36	石油化工仪表工程施工技术规程	SH/T 3521—2007
36	制冷设备、空气分离设备安装工程施工及验收规范	GB 50274—2010
38	建筑给水排水及采暖工程施工质量验收规范	GB 50242—2002
39	通风与空调工程施工质量验收规范	GB 50243—2002
40	石油化工建设工程施工安全技术规范	GB 50484—2008
41	建设工程施工现场供用电安全规范	GB 50194—93

续表

序号	名 称	备 注
42	化工建设项目安全设计管理导则	AQ/T 3033—2010
43	建设工程项目管理规范	GB/T 50326—2006
44	石油化工建设工程项目施工过程技术文件规定	SH/T 3543—2007
45	石油化工建设工程项目交工技术文件规定	SH/T 3503—2007
46	石油化工建设工程项目监理规范	SH/T 3903—2004
47	石油化工建设工程项目竣工验收规定	SH/T 3904—2005
48	化工企业工艺安全管理	AQ/T 3034—2010
49	石油化工企业设计防火规范	GB 50160—2008
50	化工企业总图运输设计规范	GB 50489—2009
51	石油化工企业环境保护设计规范	SH 3024—1995
52	工业金属管道工程施工规范	GB 50235—2010
53	工业金属管道工程施工质量验收规范	GB 50184—2011
54	固定式压力容器安全技术监察规程	TSG R0004—2009
55	简单压力容器安全技术监察规程	TSG R0003—2007
56	非金属压力容器安全技术监察规程	TSG R0001—2004
57	危险化学品重大危险源安全监控通用技术规范	AQ 3035—2010
58	石油化工企业职业安全卫生设计规范	SH 3047—1993
59	石油化工企业可燃气体和有毒气体检测报警设计规范	GB 50493—2009
60	石油化工安全仪表系统设计规范	SH/T 3018—2003